Fall 1: Der gestohlene Picasso

WERTVOLLES PICASSO-GEMÄLDE AUS DEM MUSEUM OF MODERN ART GESTOHLEN!

Interpol bittet dich, die Zeugenaussagen auszuwerten und herauszufinden:

1.) in welcher Stadt das Bild gestohlen wurde,

2.) über welche Städte der Dieb flüchtete,

3.) welche Stadt sein Ziel ist.

Museumswärterin:
„Ich sah nur, wie der Dieb mit dem gestohlenen Bild zwischen den Hochhäusern der 5. Avenue verschwand."

Polizist:
„Die Verfolgung war im dichten Verkehr sehr schwierig. Er fuhr den Broadway hinunter zur Manhattan Bridge nach Brooklyn. Dort verloren wir seine Spur. Er wollte aber offenbar zum John F. Kennedy-Airport."

Zeitschriftenverkäufer im Flughafen:
„Wohin die Person, die Sie suchen, wollte, weiß ich natürlich nicht. Aber ich kann mich erinnern, daß er ein französisches Wörterbuch gekauft hat."

Taxifahrerin:
„Ja, dieser Mann mit dem großen Paket ist mir aufgefallen. Ich habe ihn vom Flughafen Orly zur Kathedrale Notre Dame gefahren."

Angestellte im Verkehrsbüro:
„Der Verdächtigte hat sich bei mir nach den Rundfahrten auf der Seine erkundigt."

Bahnbeamter:
„Ein Mann mit einem auffälligen Paket wollte die Abfahrt des Hochgeschwindigkeitszuges in Richtung Südosten wissen."

Fahrgast:
„Der Mann, nach dem Sie fragen, gab sich als Seidenfabrikant aus. Er hat mir nicht gesagt, wohin er reisen wollte. Doch ich weiß noch, daß er die Rhône und Saône erwähnte."

Alles klar? Dann schreibe bitte auf:

1. Tatort: Eine der größten und bedeutendsten Städte der Welt. DieStadt hat 8 500 000 Einwohner, mit Vororten sogar 18 800 000! Sie besteht aus den fünf Stadtteilen Manhattan, Brooklyn, Bronx,Queens und Richmond.

____

2. Stadt: Eine der größten Städte unseres Kontinents: 10 300 000 Einwohner (mit Vororten). Sie ist das in jeder Hinsicht herausragende Zentrum des Landes. Die zahlreichen Sehenswürdigkeiten ziehen viele Touristen an. Von hier aus fahren die hochmodernen Schnellzüge mit über 200 km/h in alle Teile des Landes.

____

3. Stadt: Mit 1 200 000 Einwohnern die drittgrößte Stadt unseres Nachbarlandes, eine bedeutende Messe- und Handelsstadt sowie eine vielseitige Industriestadt. Seit dem Mittelalter ist die Stadt ein Zentrum der Seidenerzeugung.

____

4. Du erhältst den Zielort, indem du die Anfangsbuchstaben der Städte 1-3 aufschreibst und 3 fehlende Vokale ergänzt. Es handelt sich dabei um eine große Stadt in Südeuropa, wo man den Dieb häufiger sah, als er Pizza oder Spaghetti aß. In einer Eisdiele wurde er mit merkwürdigen Typen gesehen. Die Polizei vermutet, daß er das Bild hier an die Mafia verkaufen will.

____

Detektiv ______________________ sendet Meldung an Interpol:

Fall 1

nicht gelöst ☐ gelöst ☐

Der Dieb floh offensichtlich nach ______________________

W0403272

Fall 2: Der weiße Orang-Utan

Interpol bittet um Mithilfe in einem merkwürdigen Fall: ein einzigartiger weißer Orang-Utan wurde aus dem Zoo entführt.

Werte die Zeugenaussagen aus und ermittle den Fluchtweg des Diebes.

Zoowärter:
„Ein verdächtig aussehender Mann hat sich erkundigt, wie häufig Orang-Utans hier auf Java noch zu finden sind."

Transportunternehmer:
„Ich habe den Mann und seine große Kiste am Präsidentenpalast vorbei zum Hafen gebracht."

Angestellte der Schiffsgesellschaft:
„Der Mann mit der Kiste hat Schiffskarten nach Piräus bezahlt."

Reiseleiterin:
„Er hat an der Führung durch die Akropolis teilgenommen."

Buchhändler:
„Er hat sich einen Reiseführer gekauft, der auf dem Einband eine grün-weiß-rote Fahne abgedruckt hatte."

Bankbeamter:
„Er hat sein Geld in Lire umgewechselt. Ich weiß noch, daß er meinte, er würde gerne den Fußballer Maradona spielen sehen. Sagt Ihnen das etwas?"

Zimmermädchen:
„Er war sehr ängstlich, er hat mich gefragt, ob der Vesuv noch ausbrechen könne.

Mitarbeiterin im Verkehrsbüro:
„Er wollte Capri und Ischia besuchen."

Angestellter der Fluggesellschaft:
„Er beabsichtigte, in eine Stadt an der Themse zu fahren.

Taxifahrer:
„Er hat mich gefragt, ob es im Hydepark einen Zoo gibt."

Damit wäre der Fall geklärt, schreibe wieder auf:

1. Tatort ist die schnell wachsende Hauptstadt eines Inselstaates, die heute 7 800 000 Einwohner hat. Zusammen mit Surabaja bildet die gesuchte Stadt das Industriezentrum des Landes. Bedeutung haben neben der Industrie der Handel, der Hafen und der Fremdenverkehr.

____

Die 2. Stadt gehört zu den ältesten Städten der Welt. Die vielen antiken Sehenswürdigkeiten leiden unter der heutigen Luftverschmutzung durch Industrie und Autoverkehr.Die Stadt mit ihren 3 300 000 Bewohnern ist das Zentrum von Handel und Industrie des Landes; wichtigster Wirtschaftszweig ist aber der Fremdenverkehr.

____

Die 3. Stadt ist mit 1 200 000 Bewohnern die größte und bedeutendste Stadt im Süden des Landes, eine wichtige Industrie- und Hafenstadt. Wegen der landschaftlich schönen Lage und der vielen sehenswerten Baudenkmäler wird sie von Touristen gern besucht.

____

Das Merkwürdige an der 4. Stadt ist, daß sie gleichzeitig zu den größten und kleinsten Städten der Welt gehört. Die eigentliche Stadt, die „City", hat nur rund 5 000 ständige Bewohner, aber über 500 000 Menschen arbeiten in ihren Bank-, Büro- und Geschäftshäusern. Der Großraum dagegen zählt 6 800 000 Einwohner, aufgeteilt auf 32 selbständige Stadtbezirke, von denen jeder einen eigenen Bürgermeister hat. Im gesamten Ballungsraum leben sogar 13 Millionen Menschen. Die Riesenstadt gehört zu den wichtigsten Metropolen der Erde. Als Handels-, Banken- Kultur- und Verkehrszentrum, als Seehafen und Flughafen zählt sie zur Weltspitze.

____

Zur Kontrolle: der Endbuchstabe einer Stadt muß immer gleichzeitig Anfangsbuchstabe der nächsten Stadt sein.

Interpol dankt für die Aufklärung des Falles.

Meldung an Interpol:

Fall 2

nicht gelöst ☐ gelöst ☐

Detektiv ____________ ist sich sicher, daß der gesuchte Orang-Utan in ____________ versteckt wird.

Fall 3: Balthasar Barlotti

Kommissar Ratlos berichtet:
Wir suchen den Gangsterboß Barlotti; er hat in den letzten Jahren seine Organisation weltweit auf verschiedene Länder ausgedehnt. Er scheint aber die sonderbare Eigenart zu haben, nur solche Städte als Stützpunkte auszusuchen, deren Name genau so anfängt wie sein eigener.

Wir konnten folgende Telegramme an die Bosse in den Stützpunkten abfangen:

1.	An Siddhi Savetasila in Thailand (1.Buchstabe)	______	☐
2.	An Tariq Aziz in Mesopotamien (2. Buchstabe)	______	☐
3.	An Radjiv Rao in Südindien (6. Buchstabe)	______	☐
4.	An John Rivers im Süden der USA, genauer gesagt am Mississippi (3. Buchstabe)	______	☐
5.	An Pietro Mennea in Süditalien (letzter Buchstabe)	______	☐
6.	An Mamadou Segou in Mali, Westafrika (3. Buchstabe)	______	☐
7.	An Joan Calderon in Katalonien (7. Buchstabe)	______	☐
8.	An Jose Mendez im Norden von Kolumbien (3. Buchstabe)	______	☐
9.	An Emil Fränkli am Dreiländereck Schweiz/Deutschland/Frankreich (4. Buchstabe)	______	☐

Um die Verbrecherbande ausheben zu können, bräuchten wir die Namen der Stützpunkte. Mit den in Klammern angegebenen Buchstaben ließe sich dann auch der Sitz der Zentrale herausfinden. Dieser muß sich irgendwo in Maryland befinden, denn dort wurde Barlotti häufiger beobachtet.

Meldung an Kommissar Ratlos:

Fall 3

nicht gelöst ☐ gelöst ☐

Die Zentrale von Balthasar Barlotti befindet sich in ______________________

____
(Unterschrift)

Fall 4: Nofretete

Zeitungen berichten in Extrablättern von der Sensation:

Weltberühmte Büste der altägyptischen Königin Nofretete aus dem Ägyptischen Museum entwendet. Täter entkommen! Hohe Belohnung für seine Ergreifung ausgesetzt!

Interpol bittet alle Detektive um höchste Aufmerksamkeit bei der Auswertung der Zeugenaussagen.

Viel Erfolg, Detektiv!

Stadtführerin im Verkehrsverein:
„Ja, dieser Mann nahm an einer Stadtführung teil. Er war an der Siegessäule, am Funkturm, aber am Charlottenburger Schloß hat er die Gruppe verlassen, ohne ein Wort zu sagen. Leute gibt es."

Kellner:
„Der Mann ist mir in unserem Café am Kurfürstendamm aufgefallen. Er ging hinüber zur Gedächtniskirche. Mehr kann ich Ihnen nicht sagen."

Kellnerin in der Autobahnraststätte:
„Der Mann war um diese Uhrzeit fast unser einziger Gast, daher kann ich mich an ihn erinnern. Er wollte auf dem Christkindlmarkt Spielwaren kaufen und Lebkuchen essen. Ach ja, und das Germanische Nationalmuseum und das Verkehrsmuseum wollte er besuchen."

Bankbeamter:
„Der Mann hat Lire verlangt. Er wollte nach Ligurien, an die Riviera, hat er erklärt."

Zimmermädchen:
„Ja, der Mann hat in unserem Hotel 'Ligurisches Meer' übernachtet. Er hat eine Fahrt nach Savona unternommen. Übrigens hatte er Schiffskarten nach Afrika. Auch hat er mir gegenüber etwas wie 'Atlas' erwähnt. "

Hotelportier im „Hotel der Schotts":
„Der Mann hat mir erzählt, er wolle zu den Ölfeldern in der Sahara. Das Ahaggar wollte er gerne sehen."

Beamter im Konsulat:
„Er hat ein Visum für das Nachbarland beantragt. In seinem Antrag hat er erklärt, er wolle über Fès und Mèknes zur Küste fahren.."

Hast du den Fluchtweg ermittelt? Dann schreibe auf:

Die 1. Stadt an Havel und Spree ist die größte Stadt und bedeutendste Industriestadt des Landes. Sie hat lange unter der Teilung in Ost und West gelitten.

____

Die 2. Stadt ist mit 470 000 Einwohnern die zweitgrößte Stadt Bayerns und wirtschaftlicher Mittelpunkt Frankens mit bedeutender Industrie. Berühmt ist das mittelalterliche Bild der Altstadt an der Pegnitz mit Stadtmauer, Kaiserburg, Kirchen und Brunnen.

____

Die 3. Stadt weist heute 730 000 Einwohner auf. Im Mittelalter war sie wesentlich bedeutender, nämlich eine unabhängige und mächtige Handelsrepublik mit großem Einfluß im Mittelmeerraum. Davon zeugen noch die zahlreichen Kirchen, Paläste und Kunstsammlungen.

____

Die 4. Stadt wurde um 950 von Arabern gegründet, sie hat heute 3 Millionen Einwohner (mit Vororten) und ist damit größte Stadt, wirtschaftliches Zentrum und wichtigster Hafen des Landes.

____

Die 5. Stadt am Atlantischen Ozean hat 1 000 000 Einwohner. Interessant ist die Burg in der Altstadt.

____

Du kannst selbst kontrollieren, ob du die ausgesetzte Belohnung verdient hast: der Endbuchstabe einer Stadt muß gleichzeitig der Anfangsbuchstabe der nächsten sein.

Meldung an Interpol:

Fall 4 nicht gelöst ☐ gelöst ☐

Der Täter kann in ______________ der Hauptstadt von ______________ ergriffen werden.

____
(Unterschrift)

Fall 5: Der fünfte Kontinent

Aus dem Protokoll der australischen Polizei:

Aktien gestohlen

Der Fall begann im Westen unseres Landes. Der Dieb tauchte in der Hauptstadt von Westaustralien (2. Buchstabe) auf. Er überquerte die Darlingkette und später die Nullarborebene. Im Zentrum Südaustraliens (6. Buchstabe) wurde er wieder beobachtet. Von hier aus wandte er sich nach Nordosten, er folgte zunächst dem Murray, dann dem Darling. Nach Überwindung der Great Dividing Range erreichte er die größte Stadt in Queensland (4. Buchstabe).

Danach folgte er der Küste nach Süden. Er hielt sich kurzzeitig in der größten Stadt Australiens (5. Buchstabe) auf, verließ sie aber bald darauf, indem er weiterhin der Küste folgte. Sein Ziel war offenbar die Metropole von Victoria (8. Buchstabe).

Hilf der australischen Polizei bei der Vervollständigung ihres Protokolls:

1. Finde die Namen der 5 Städte heraus.
2. Trage die Städtenamen und den Fluchtweg in die Skizze ein.
3. Schreibe die angegebenen Buchstaben auf. Sie nennen das Erz, das in der Grube gefördert wird, in der die Aktien gestohlen wurden.

____

Das Vorkommen liegt in Westaustralien. Trage es ebenfalls in die Karte ein.

Die australische Polizei dankt für deine Mitarbeit.

Für das Protokoll der australischen Polizei:

Fall 6: Der Agentenring

Dieser Auftrag kommt nicht von der Polizei, sondern von den Geheimdiensten, die einem internationalen Agentenring auf der Spur sind. Man konnte bisher diese 20 Decknamen entdecken. In diesen Decknamen muß irgendwie jeweils der Name der Stadt, in der der Agent arbeitet, enthalten sein. Finde die Städtenamen heraus und trage sie in die Karte ein.

Frank Furtmeyer	Rupert Hume
Hagen Furka	Ali Manzoni
Carlo Bromelli	Bo Stonehenge
Iwan Koslowski	Marlon Donelli
Kaspar Isegrim	Kai Robinson
Jakob Rüssel	Marlene Apel
Dietmar Seiller	Rene Bernauer
Petra Bats	Karla Goszinski
Rosa Kant	Pierre Narbonne
Emma Ilander	Artur Inauer

Vielen Dank für deine erfolgreiche Unterstützung.

Fall 7: Die verschollene Expedition

Der Direktor des Zoologischen Museums in Bonn bittet die Detektei Spürnase um Hilfe: Das Museum hat eine Expedition zur Erforschung der tropischen Tierwelt ausgerüstet und entsendet. Doch seit längerer Zeit hat man keine Nachrichten mehr von den Forschern erhalten.

Der Direktor berichtet:

„Die Expedition startete in der Hauptstadt von Zaire. Die Forscher waren mit Motorbooten ausgestattet und fuhren mit ihnen stromaufwärts. Aus Kisangani erhielten wir eine Mitteilung, daß sie trotz der Gefahren und des unangenehmen Klimas im Tropischen Regenwald gut vorangekommen und früher als erwartet in der Stadt eingetroffen waren. Bis dahin war die Expedition sehr erfolgreich verlaufen. Die Wissenschaftler hatten zahlreiche Schmetterlinge und andere Insekten gefangen und präpariert, ja sogar einige neue Arten entdeckt. Wochen später kam eine Postkarte, die den Kiwusee zeigte, bei uns an, sie war in Kigali abgestempelt. Als nächstes erhielten wir ein Telegramm, in dem sie uns mitteilten, daß es ihnen an den Virungavulkanen gelungen war, Berggorillas zu beobachten. Ihre nächsten Ziele waren der Ruwenzori und der Eduardsee, wo sie Schimpansen suchen wollten. Ob sie dabei Erfolg hatten, wissen wir nicht. Auf der Karte, die aus Kampala hier eintraf, stand nichts darüber. Sie beklagten sich nur über die zahlreichen Moskitos. Die Ansichtskarte zeigte übrigens einen großen See. 14 Tage später kam eine Nachricht vom Mount Kenia, in der sie mitteilten, daß sie in der Hauptstadt ihre Vorräte ergänzen und dann in den bekannten Serengeti-Nationalpark weiterreisen wollten. Dort sollte die Tierwelt der Savannen, vor allem Löwen, Elefanten, Nashörner, Giraffen, Zebras und Antilopen, studiert werden. Dort hielten sie sich offenbar länger auf, denn bis zur nächsten Karte aus Arusha verging einige Zeit. Diese Karte war sehr interessant, sie zeigte Massai-Krieger vor einem hohen Berg, dessen Gipfel schneebedeckt war, und das so nahe am Äquator! Seitdem haben wir ihre Spur verloren, wir müssen davon ausgehen, daß die Expedition an diesem Berg verschollen ist.“

Kannst du dem Zoologischen Museum in Bonn helfen und dem Direktor sagen, wohin man eine Suchgruppe schikken muß?

Meldung an das Detektivbüro Spürnase & Co:

Der Direktor sollte eine Suchgruppe zum ______________________________

schicken. Ich bin sicher, sie wird dort etwas finden. Aber sie sollte sich beeilen.

Mit freundlichen Grüßen

____

Fall 8: Igor Malinowski

Die Polizei von Chicago fahndet nach Igor Malinowski. Der berüchtigte Gangster konnte sich durch Flucht seiner Verhaftung entziehen. Der Polzei blieb nur diese Nachricht an seine Komplizen:

Z	S	U	A	S	M	J	I	O	N	V	O
D	F	C	H	I	C	A	G	O	W	B	I
L	R	Y	G	N	S	I	F	C	M	O	N
L	E	R	A	G	X	V	N	K	P	J	H
X	Q	B	H	A	N	C	W	P	K	X	D
J	D	W	P	P	B	T	K	W	U	Q	V
K	A	L	K	U	T	T	A	Q	D	V	E
W	B	R	E	R	M	P	I	Q	T	F	Y
I	H	X	T	O	Y	R	R	Z	A	G	E
V	Z	M	U	Z	D	R	O	M	T	A	U
J	P	A	N	H	S	L	A	A	B	K	P
G	K	F	T	G	B	A	H	D	B	C	J
Q	V	L	I	W	G	I	Q	R	J	E	X
Y	M	C	S	Y	M	F	O	I	R	C	K
R	I	D	F	Z	L	O	N	D	O	N	D
S	X	E	T	E	Z	N	G	C	H	F	L

Die Polizei von Chicago geht davon aus, daß Malinowski den Kumpanen seinen Fluchtweg von Chicago aus über vermutlich 5 Weltstädte zu seinem Ziel mitteilen wollte; man rätselt jedoch, wie er die Namen verbergen konnte.

Daher hofft die Polizei von Chicago auf deinen Erfolg.

Noch ein Hinweis: es besteht der dringende Verdacht, daß Malinowski irgendwo in Europa einen großen Coup vorhat, vielleicht sogar den Raub der Kronjuwelen?

Dringende Meldung an die Polizei von Chicago:

Fall 8

nicht gelöst ☐ gelöst ☐

Detektiv ______________________ meldet:

Igor Malinowski flieht über folgende Städte ______________________

____

nach ______________________

Wenn möglich, sofort verhaften!

Fall 9: Die Kronjuwelen

Interpol meldet dreisten Raub der Kronjuwelen! Ganz Großbritannien in Aufruhr. Gangsterquartett floh in 4 verschiedene Richtungen. Interpol bittet um Unterstützung in diesem schwierigen Fall.

Die Täter: Eugen Karst, blonde Haare / **John O'Connor,** auffällige Tätowierung am Arm / **Igor Malinowski,** schwarzhaarig / **Pierre Matin,** Brillenträger

Die Zeugenaussagen:

„Ein Mann mit einer häßlichen Narbe im Gesicht wollte in einen Stadtstaat in Südostasien reisen."

„Jemand, der sich John O'Connor nannte, lieh sich ein Buch über Wikinger."

„Ein Mann mit einem auffallenden Ring tauschte sein Geld in Dollar um."

„Ein braunhaariger Mann erwähnte Sydney und Melbourne. Er trug übrigens eine Brille."

*„Ein schwarzhaariger Mann kaufte ein Buch über Malai**en**."*

„Der rothaarige Mann wollte wissen, was Geysire sind."

„Ja, hier war jemand mit braunen Haaren. Er wollte eine Erklärung über die Great Dividing Range."

„Ein Mann namens Pierre Matin hat sich einen Termin beim Premierminister geben lassen."

„Der Mann mit dem Narbengesicht hat gesagt, er würde auf Malakka Teakholz aufkaufen. Ich meine, er hieß Maskowski oder so ähnlich."

„Wohin der blonde Mann wollte, weiß ich nicht. Ich kann mich aber erinnern, daß er Illinois, den Michigansee und Milwaukee erwähnte. Und sein Ring ist mir aufgefallen."

„Mir ist ein Mann aufgefallen, der die Koalas beim Fressen der Eukalyptusblätter beobachtet. Er schien sehr kurzsichtigzu sein, vielleicht sollte er sich neue Brillengläser verschreiben lassen."

„Der tätowierte Mann fragte nach den Besuchszeiten des Parlaments. Nebenbei bemerkt, er hatte schreckliche rote Haare."

Alles klar? Dann schreibe die Ganoven und ihre Fluchtorte auf:

Die 1. Stadt gehört zu den bedeutendsten und größten Städten des Landes, ja sogar der Welt. Mit ihren Vororten erstreckt sie sich über 100 km Länge am Seeufer, bei einer Breite von 30 km. 8 100 000 Menschen leben in diesem herausragenden Handels- und Finanzzentrum, das zugleich Verkehrszentrum des Landes ist: der größte Flughafen der Erde, der wichtigste Eisenbahnknotenpunkt und zudem der größte Binnenhafen.

______________________ in ______________________

In der 2. Stadt tagt eines der ältesten Parlamente der Welt. Sie hat nur 91 000 Einwohner, ist damit dennoch größte Stadt, größter Hafen, Kultur- und Wirtschaftszentrum des Landes, das die Wikinger schon im Jahre 860 besetzten. Beheizt wird die Stadt mit heißem Wasser, das sich in der Erde befindet.

______________________ in ______________________

Auch die 3. Stadt ist für eine Hauptstadt relativ klein: 286 000 Einwohner. Weil man sich nicht für eine der beiden großen Metropolen des Landes als Hauptstadt entscheiden konnte, wurde die Stadt vor etwa 75 Jahren ungefähr in der Mitte zwischen beiden als Hauptstadt neu aufgebaut.

______________________ in ______________________

Die 4. Stadt wurde gegründet von einem Prinzen eines Hindu-Königreiches. Der Sage nach soll er ein Seeungeheuer gesehen haben, deshalb gab er der Stadt den Namen (Singa=Löwe und Pura=Stadt). Zur bedeutenden Hafenstadt machten sie die Engländer, die sie wegen der günstigen Lage als Stützpunkt wählten. In der Hafenstadt leben heute 2 600 000 Menschen, das sind fast alle Einwohner der Inselrepublik.

______________________ in ______________________

Interpol meint, daß die Fluchtorte nicht zufällig, sondern mit Bedacht gewählt wurden. Ergänzt man die Anfangsbuchstaben durch dreimaliges Einsetzen eines bestimmten Vokals, so erhält man den Namen der Stadt, in der sie sich alle wieder treffen wollen, wenn Gras über die Sache gewachsen ist. Es muß sich dabei um die Hauptstadt eines Landes in Südamerika mit großen Erdöl- und Eisenerzvorkommen handeln.

Meldung an Interpol:

Fall 9 nicht gelöst ☐ gelöst ☐

Das Gangsterquartett wird in ______________________ wieder zusammenkommen. Aber wer weiß wann ?

____

(Unterschrift)

Fall 10: John O'Connor

Interpol sucht John O'Connor, der aus Reykjavik geflohen ist. Durch den hastigen Aufbruch ließ er diese Zeichnungen zurück, mit deren Hilfe man seinen Fluchtweg durch Europa verfolgen kann. Man weiß nämlich, daß stets der Endbuchstabe einer Stadt gleichzeitig der Anfangsbuchstabe des nächsten Fluchtortes ist.Interpol hat die Bitte, den Fluchtweg und die Stadt, in der er schließlich bleiben will, herauszufinden.

Es muß sich dabei um die Hauptstadt eines europäischen Landes handeln. Die Stadt hat 2 100 000 Einwohner und besteht aus zwei ehemals selbständigen Städten am linken und rechten Ufer der Donau.

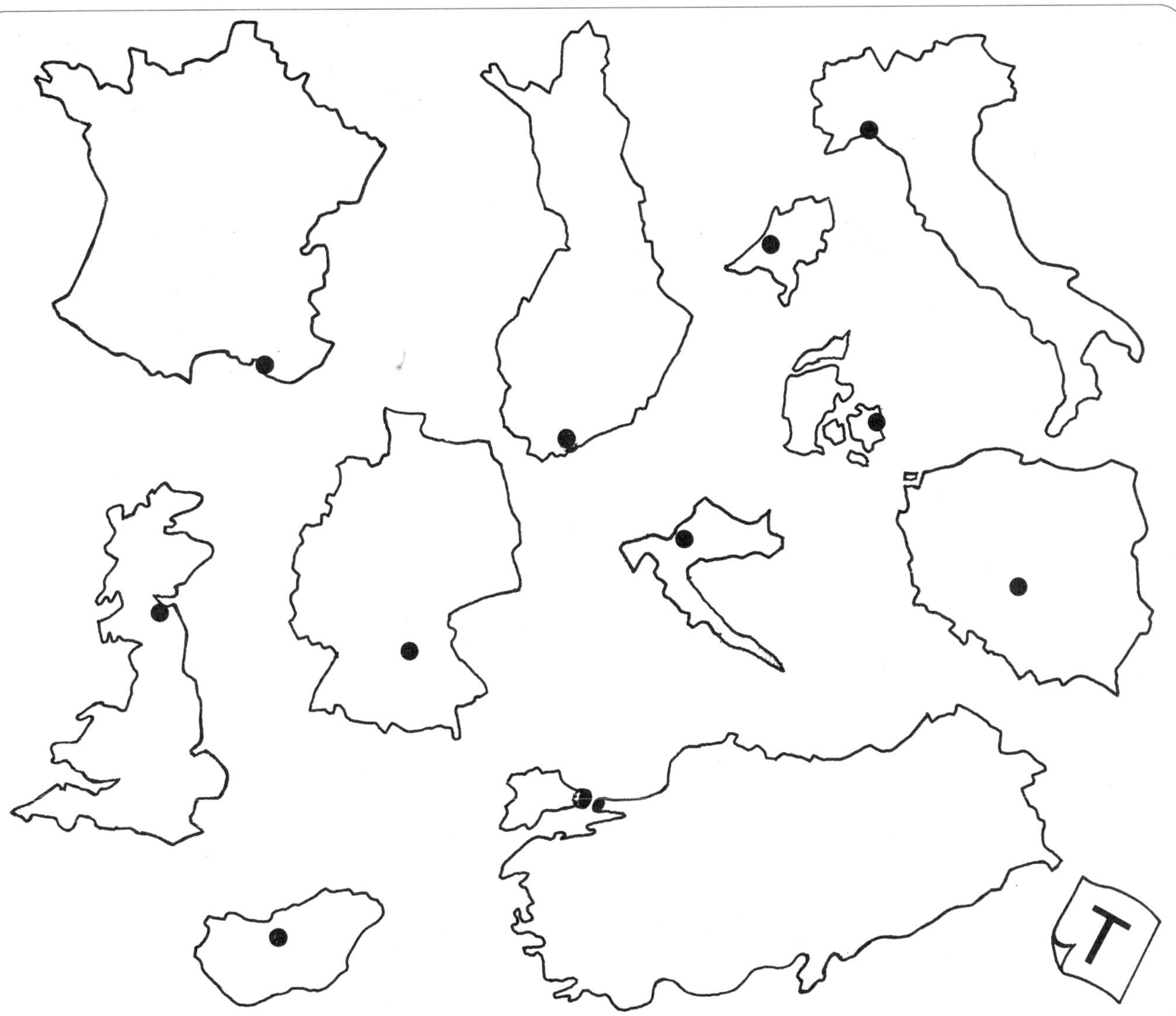

Meldung an Interpol:

Fall 10 nicht gelöst ☐ gelöst ☐

John O'Connor nimmt folgenden Fluchtweg: Reykjavik ____________________

____________ ____________ ____________

____________ ____________ ____________

____________ ____________ ____________

Sein Ziel ist : ____________________

Fall 11: Rauschgiftschmuggel

Die amerikanische Bundespolizei FBI beobachtet seit einiger Zeit eine Bande von Rauschgiftschmugglern. Dabei hat offenbar ein gewisser Igor Malinowski seine Hand im Spiel. Das FBI hat den Funksprechverkehr abgehört. Leider waren die Gangster sehr vorsichtig: sie erwähnten bisher keine der 6 Städte, über die der Schmuggel läuft. Die Beamten des FBI konnten nur folgende Namen verstehen:

Golf von Siam - Malakka - Südchinesisches Meer - Palawan - Luzon - Quezon City - Luzon-Straße - Taiwan - Riukiu-Inseln - Pazifik - Hawaii - Long Beach - San Bernardino

Das FBI bittet alle Detektive, den Schmuggelweg herauszufinden.

Bei der 1. Stadt handelt es sich um die Hauptstadt eines südostasiatischen Königreiches an der Mündung des Menam in den Golf von Siam. Mit 5 500 000 Einwohnern ist sie die bei weitem größte und wichtigste Stadt des Landes. Bekannt sind die prächtigen Tempel, Klöster und Paläste:

_______________ (vorletzter Buchstabe) ☐

Die 2. Stadt hat 950 000 Einwohner und ist die Hauptstadt des südlichen Nachbarlandes, das aus zwei Landesteilen besteht: ein Teil liegt auf der Halbinsel Malakka; er wird durch das Südchinesische Meer von dem anderen Landesteil auf Borneo getrennt.

_______________ (letzter Buchstabe) ☐

Die 3. Stadt ist die Hauptstadt und der Haupthafen eines Inselstaates. In der Metropole und ihren Vorstädten leben 7 100 000 Menschen:

_______________ (3. Buchstabe) ☐

Ähnliches läßt sich von der 4. Stadt sagen: sie ist ebenfalls Hauptstadt und Wirtschaftszentrum eines Inselstaates und hat 2 600 000 Einwohner (mit Vororten).

_______________ (3. Buchstabe) ☐

Die 5. Stadt (817 000 Einwohner mit Vororten) ist ebenfalls Hauptstadt einer Inselgruppe, die aber als Bundesstaat zu den USA gehören:

_______________ (1. Buchstabe) ☐

Bei der 6. Stadt handelt es sich um die größte Stadt an der amerikanischen Pazifikküste. 13 Millionen Menschen leben in diesem riesigen Ballungsraum:

_______________ (vorletzter Buchstabe) ☐

Ordnet man die angegebenen Buchstaben, so kann man die Sorte des Rauschgifts lesen.

Meldung von Detektiv _______________ an das FBI:

Fall 11 nicht gelöst ☐ gelöst ☐

Es handelt sich um _______________ , das die Bande

von _______________ nach _______________ schmuggelt.

____
(Unterschrift)

Fall 12: Die verschlüsselte Botschaft

Kommissar Ratlos befürchtet, daß die Bande von Malinowski wieder ein großes Ding plant. Ein Spitzel konnte ihm diese verschlüsselte Botschaft besorgen. Aber wie soll er jetzt wissen, was sie vorhaben, und wo?

Du siehst, er braucht dringend deine Hilfe!

ENGPIK	SOLO	MOSTLHOCK	KIOTO
DOTTERRAM	HENAT	MUL	KABKONG
BOOTAG	FAU	HUNDIBERG	PELENA
WATTOA	STATTGURT	RELIGA	LITANBUS
MOR	TURFER	SCHWIREN	

Meldung an Kommissar Ratlos:

Fall 12 nicht gelöst ☐ gelöst ☐

Detektiv ______________________ konnte die Botschaft entschlüsseln!

Malinowski plant einen ______________________ in ______________________

Fall 13: Die gestohlenen Diamanten

Dieser Auftrag kommt von der südafrikanischen Polizei. Es geht um den Einbruch in eine Firma, die mit Diamanten handelt. Die Polizei bittet darum, sie bei der Verfolgung der Diebe zu unterstützen, die Zeugenaussagen auszuwerten und den Fluchtweg des Diebes zu ermitteln.

Viel Erfolg, Detektiv!

Kellnerin:
„Der Mann hat sich längere Zeit in unserem Gasthaus aufgehalten. Er hat sich offenbar für die Umgebung begeistert, er war am Kap der Guten Hoffnung, am Nadelkap, auf dem Tafelberg, ja sogar in die Karru ist er hinausgefahren. Für Gold und Edelsteine hat er sich sehr interessiert. Übrigens hat er gerne ein Glas Wein getrunken.“

Ärztin:
„Ich habe den Mann untersucht, weil er wissen wollte, ob er das Klima am Äquator vertragen würde und welche Impfungen für die Tropen nötig sind. Er fürchtete die Moskitos. Er wollte offenbar nach Norden reisen, an den Fluß der früher Kongo hieß.Ich kann mich an das Land nicht mehr erinnern, aber der Name fing mit einem der letzten Buchstaben im Alphabet an.“

Taxifahrer:
„Ich habe den Mann am Fluhafen abgeholt und in der Nähe des Präsidentenpalastes abgesetzt. Unterwegs hat er mich gefragt, ob er ein Visum bräuchte, um nach Brazzaville hinüberfahren zu dürfen.

“Hotelportier:
Ja, der Mann war unser Gast. Er war an den Livingstonefällen. Er schwärmte vom Weißen und Blauen Nil.“

Botschafter:
„Der Verdächtigte hat ein Visum beantragt. Im Antrag erklärte er, als Ingenieur bei der Regierung wegen des Kanals durch die Sümpfe des Sudd vorsprechen zu wollen. Er wollte außerdem Nubien, Kordofan und Darfur bereisen."

Taxifahrerin:
„Er hatte offenbar ein Hotel in Omdurman gefunden. Während der Fahrt erzählte er vom Nil und einem der 7 Weltwunder."

Taxifahrer:
„Der Mann wollte zum Bauministerium gebracht werden. Er war vielleicht Ingenieur, er sprach viel vom Assuan-Staudamm."

Zimmermädchen:
„Der Mann war sehr gelehrt, er hat viele Zeugnisse unserer Vergangenheit besucht, er war in Gise, in Memphis, Theben und Luxor. Der Gegensatz unseres Landes zwischen Wüste und fruchtbarer Oase hat ihn fasziniert. Er wollte weiter nach Europa, glaube ich."

Buchhändler:
„Er hat einen Reiseführer gekauft, da war eine rote Flagge mit weißem Kreuz drauf. Er hat mich gefragt, ob auch etwas über die Meerjungfrau und den Tivoli drinstünde. Und er wollte noch wissen, wo er Kronen bekommen könnte."

Mitarbeiterin im Verkehrsbüro:
„Er wollte ein Hotelzimmer mit Blick auf den Öresund, Richtung Malmö."

Alles klar? Schreibe auf:

Die 1. Stadt ist mit 1 900 000 Einwohnern (mit Vororten) die zweitgrößte Stadt Südafrikas. Sie ist ein bedeutender Hafen und ein wichtiges Industrie- und Handelszentrum. Die 1652 gegründete Stadt gehört zu den am schönsten gelegenen Städten der Welt.

____________________ (2. Buchstabe) ☐

Die 2. Stadt wurde 1881, am Ende der Schiffbarkeit des Kongo auf dem Weg zum Ozean, gegründet. Sie ist heute mit ihren 5 000 000 Bewohnern die größte und wirtschaftlich bedeutendste Stadt der Republik.

____________________ (3. Buchstabe) ☐

Ähnliche Bedeutung für ihr Land hat die 3. Stadt, die mit den Nachbarstädten zusammen 1 600 000 Einwohner zählt. Wegen der günstigen Lage am Zusammenfluß von Weißem und Blauem Nil ist sie auch eine bedeutende Handelsstadt.

____________________ (5. Buchstabe) ☐

Die 4. Stadt kann sogar 6 200 000 (mit Vororten 13 200 000) Einwohner vorweisen. Sie ist damit nicht nur die größte Stadt des Landes, sondern des ganzen Kontinents. Entsprechend groß ist ihre Bedeutung als Kultur-, Handels- und Industriezentrum. Wegen der vielen Sehenswürdigkeiten spielt auch der Fremdenverkehr eine große Rolle.

____________________ (4. Buchstabe) ☐

Die 5. Stadt liegt in einem anderen Kontinent, ist aber ähnlich den Städten vorher die herausragende Stadt ihres Landes. Hier leben einschließlich der Vororte 1 300 000 Einwohner, fast ein Viertel der Bevölkerung des ganzen Landes.

____________________ (dritter, vierter und fünfter Buchstabe) ☐ ☐ ☐

Wenn du die Buchstaben in der angegebenen Reihenfolge aufschreibst und an geeigneter Stelle die Buchstaben 'we' einsetzt, liest du den Namen einer bedeutenden Hafen- und Handelsstadt, die bekannt ist für ihre Diamantschleifereien. Wahrscheinlich wird der Dieb versuchen, dort die entwendeten Diamanten zu verkaufen.

Meldung an die südafrikanische Polizei:

Fall 13 nicht gelöst ☐ gelöst ☐

Der Dieb kann in ____________________ verhaftet werden!

Denn dort will er die gestohlenen Diamanten verkaufen.

Fall 14: Der Bankraub

Scotland Yard bittet alle Detektive um Unterstützung. In London wurde am hellen Tag ein Bankraub mitten in der City ausgeführt. Dafür kommt nur der berüchtigte John MacFergusson mit seiner Bande in Frage. Aber ein Fehler ist ihnen unterlaufen, sie haben diese Karte verloren. Scotland Yard bittet darum, herauszufinden, in welchen Ort sich die Bande zurückziehen will, bis Gras über die Sache gewachsen ist.

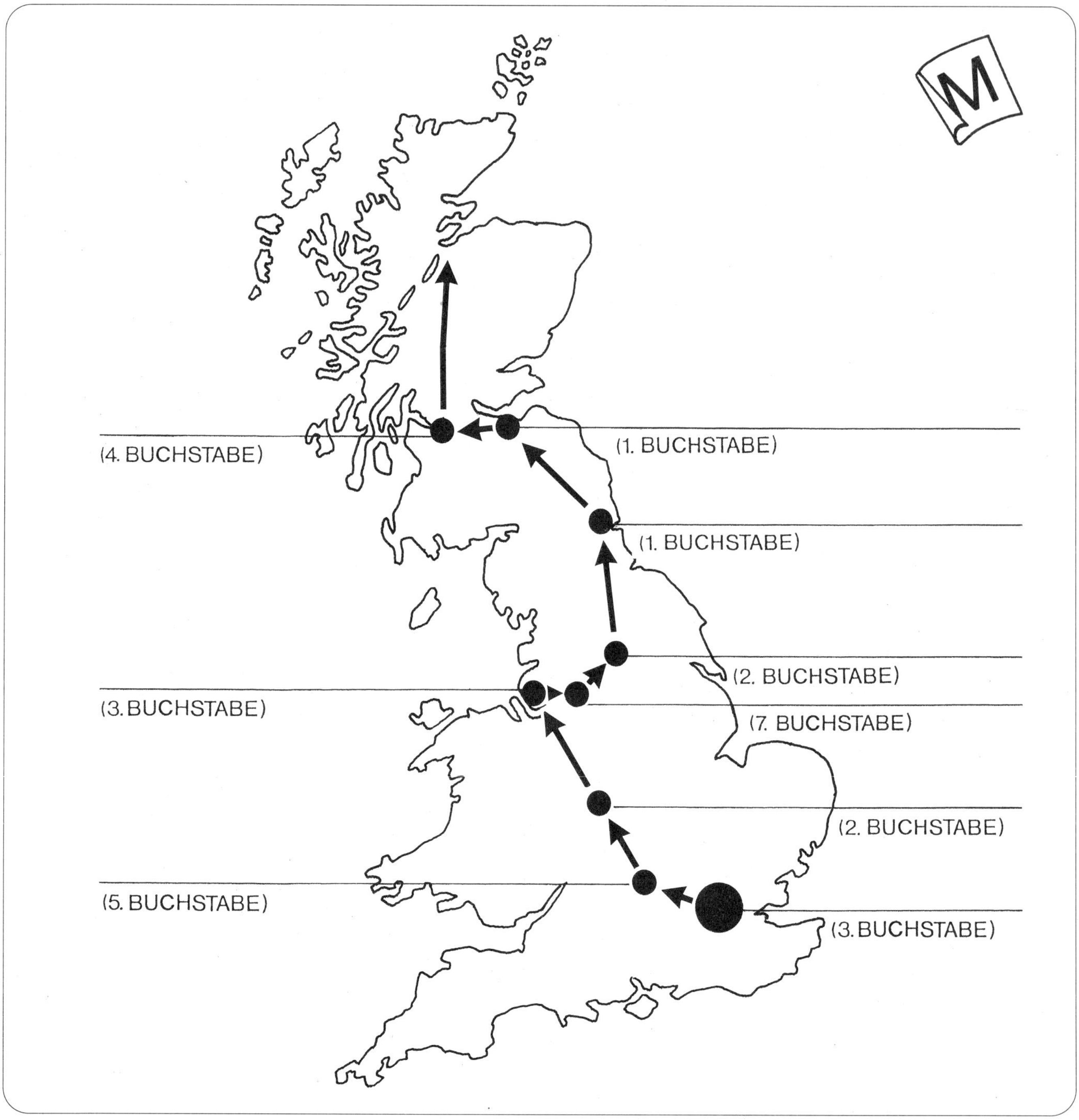

Meldung von Detektiv ______________________ an Scotland Yard:

Fall 14 nicht gelöst ☐ gelöst ☐

Die Bande will sich in ______________________ verstecken.

Fall 15: Der liegende Buddha

In der thailändischen Hauptstadt schreckten Diebe nicht davor zurück, eine goldene Buddha-Statue aus dem „Tempel des ruhenden Buddha" zu rauben. Wegen der Schändung des Heiligtums war die Empörung sehr groß. Die Polizei tat alles in ihrer Macht stehende, um die Täter zu ergreifen. Doch trotz aller Bemühungen konnte nur dieser Fluchtplan der Räuber gefunden werden. Immerhin war noch zu erfahren, daß der Endbuchstabe einer Stadt gleichzeitig Anfangsbuchstabe des nächsten Fluchtortes ist.

Die Polizei bittet dringend darum, den Fluchtweg der Räuber kreuz und quer durch Asien zu ermitteln und auf dem Plan einzutragen. Hoffentlich kann die Statue des liegenden Buddha zurückgegeben werden.

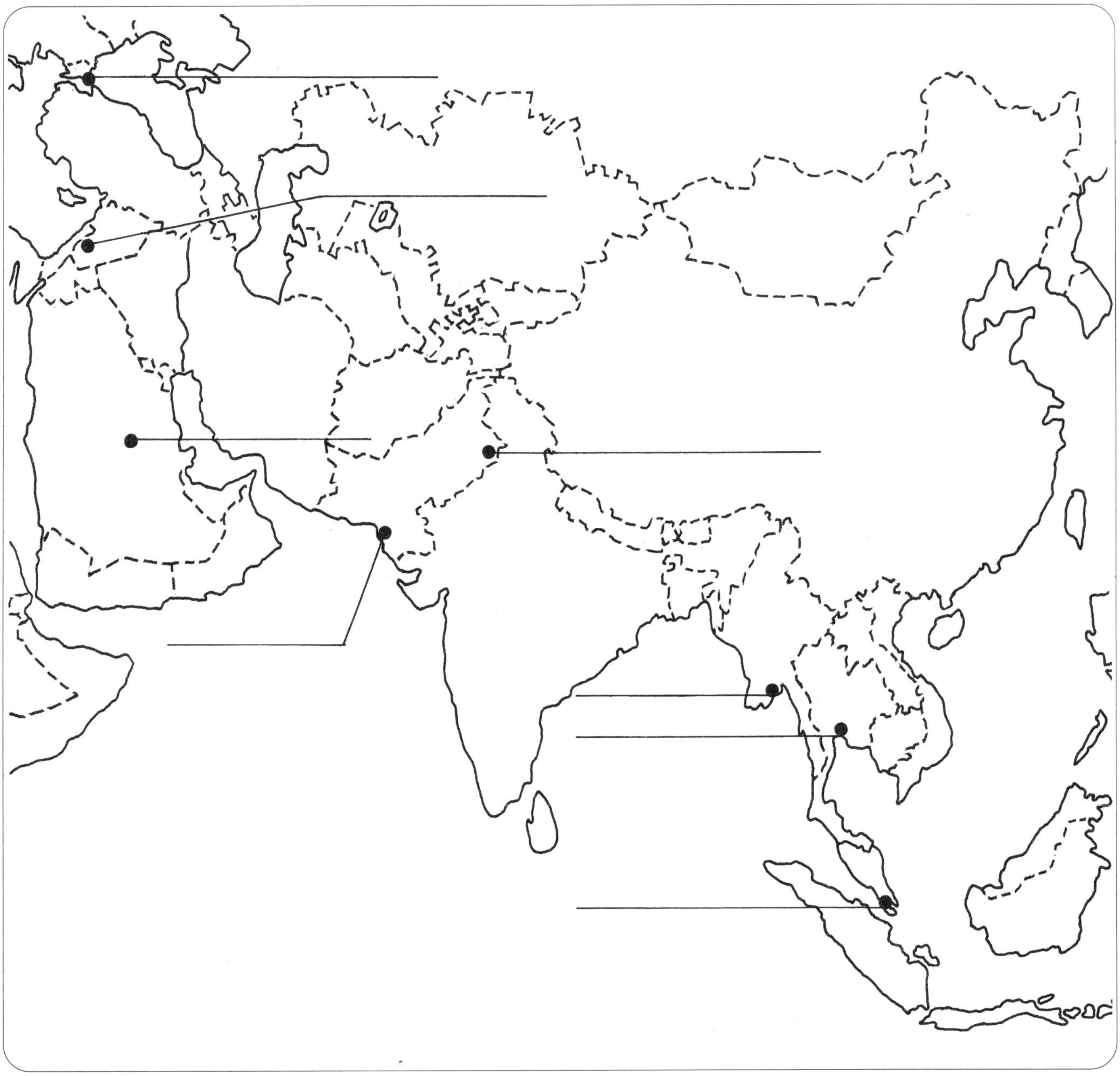

Meldung an die Polizei in Thailand:

Fall 15 nicht gelöst ☐ gelöst ☐

Die gestohlene Statue soll nach ______________________ gebracht werden.

Fall 16: Der Briefmarkendieb

Ein dreister Diebstahl sorgt für Aufregung in einem kleinen Fürstentum am Mittelmeer: dem Fürsten wurden wertvolle Briefmarken aus seiner Sammlung gestohlen. Er bittet alle Detektive, die Polizei bei der Auswertung der Spuren zu unterstützen. Falls es gelingen sollte, den Dieb zu fassen, wird die Belohnung sicherlich fürstlich sein.

Angestellter im Spielcasino:
„Der Mann erzählte von seinen Spazierfahrten an der Côte d'Azur. Ach ja, und er erwähnte, er hätte Boris Becker um ein Autogramm gebeten."

Angestellte im Reisebüro:
„Wenn ich richtig verstanden habe, wollte er über Nizza in eine große Hafenstadt. Er holte sich Prospekte über die Provence, über die Camargue und von Aix-en-Provence."

Bankbeamter:
„Er wollte Peseten haben, um nach Kastilien zu reisen."

Mitarbeiterin beim Verkehrsbüro:
„Der Mann, nach dem Sie fragen, hat sich bei uns nach den Öffnungszeiten von El Escorial und vom Prado erkundigt. Und er wollte wissen, wie lang man nach Toledo fährt. Ich hatte den Eindruck, er wollte nur kurz hier in der Stadt bleiben. Sein Ziel war offenbar die Costa del Sol."

Kellner:
„Ja, der Mann ist mir aufgefallen, weil er gerne Apfelsinen aß und Wein trank. Er war auch in Torremolinos zum Baden. Er hatte Schiffskarten zu einer spanischen Stadt in Nordafrika. Sie liegt aber nicht an der Straße von Gibraltar. Der Mann war sehr nervös, er reiste ziemlich bald weiter, angeblich wollte er zum Hohen Atlas, um Teppiche zu kaufen."

Stewardess:
„Der Mann fühlte sich in der Stadt wohl nicht mehr sicher, er flog weiter nach Ostafrika, an den Indischen Ozean. Ich glaube, er wollte eine Safari im Tsavo-Nationalpark machen."

Na, dann viel Erfolg bei der Suche!

Damit müßte alles klar sein, schreibe auf:

1. Der Diebstahl geschah in einem selbständigen Fürstentum an der Cote d'Azur, das neben dem Fremdenverkehr vom Briefmarkenverkauf lebt. Es besteht aus 3 zusammengewachsenen Städten mit insgesamt etwa 28 000 Einwohnern. ____________

Die 2.Stadt hat 1 100 000 Einwohner, sie ist die älteste Stadt des Landes, denn sie wurde bereits 600 v.Chr. von den Griechen gegründet. Heute gehört sie zu den bedeutendsten Hafenstädten Europas und hat eine vielseitige Industrie vorzuweisen. ____________

Die 3.Stadt ist noch größer: 3 200 000 Einwohner bevölkern die geschäftige Metropole, die von Touristen wegen des Königspalastes, des berühmten Museums Prado und der großen Plätze gern besucht wird. Die meisten besichtigen auch den 50 km nordwestlich liegenden Klosterpalast El Escorial. ____________

Die 4.Stadt liegt im Süden des Landes, wurde bereits 1200 v.Chr. von Phöniziern gegründet. Heute hat die Stadt 540 000 Bewohner und ist der wichtigste Hafen Andalusiens. Viele Touristen, die ihren Urlaub an der Costa del Sol verbringen wollen, landen auf dem Flughafen der Stadt. ____________

Die 5.Stadt gehört zwar noch zum gleichen Land, liegt aber in Nordafrika. Sie hat etwa 60 000 Einwohner. ____________

Die 6.Stadt ist eine Provinzhauptstadt am Fuß des Hohen Atlas mit 510 000 Einwohnern. ____________

Die 7.Stadt ist die zweitgrößte Stadt (340 000 Einwohner) und der wichtigste Hafen eines bekannten ostafrikanischen Landes. ____________

Zum Schluß meldet sich noch einmal die Polizei: Uns ist aufgefallen, daß der Tatort und alle Städte, in die der Dieb floh, mit dem gleichen Buchstaben anfangen. Und mit diesem Buchstaben fängt auch das Ziel des Briefmarkendiebes an: eine Insel im Indischen Ozean (etwa 900 km östlich von Madagaskar), die weniger wegen ihres Zuckerrohranbaus, sondern ausgerechnet durch eine seltene blaue Briefmarke weltbekannt ist.

Meldung an den Fürsten von ____________

Fall 16 nicht gelöst ☐ gelöst ☐

Das Ziel des Diebes ist die Insel ____________

Fall 17: Die Geldfälscher

Diesmal bittet die französische Polizei um schnelle Hilfe, denn man ist einer Geldfälscherbande auf der Spur. Die Polizei konnte der Bande folgende Skizzen abjagen. Man vermutet, daß es sich hierbei um die Städte handelt, in denen die Fälscher die Geldscheine verteilen wollen. Die Polizei benötigt die Namen der Städte. Die Buchstaben müßten dann die Gegend nennen, in der die Bande zu suchen ist.

____
(1. BUCHSTABE)

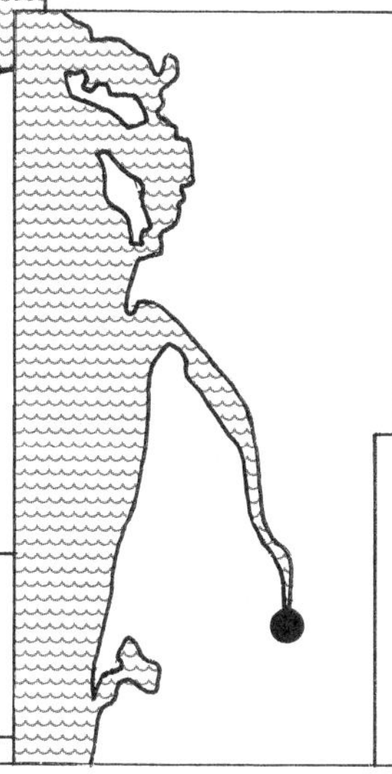

____
(3. BUCHSTABE)

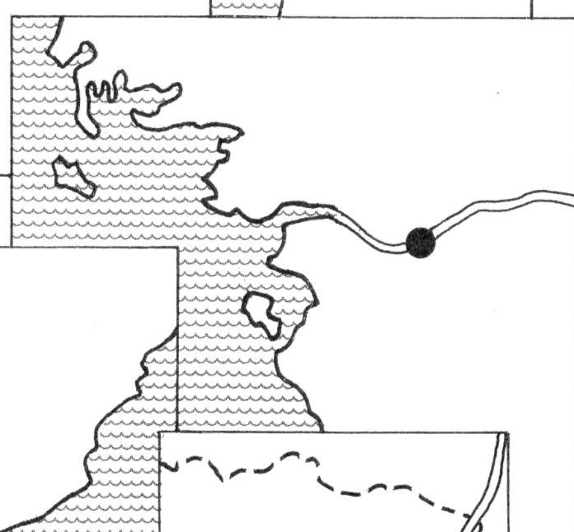

____
(4. BUCHSTABE)

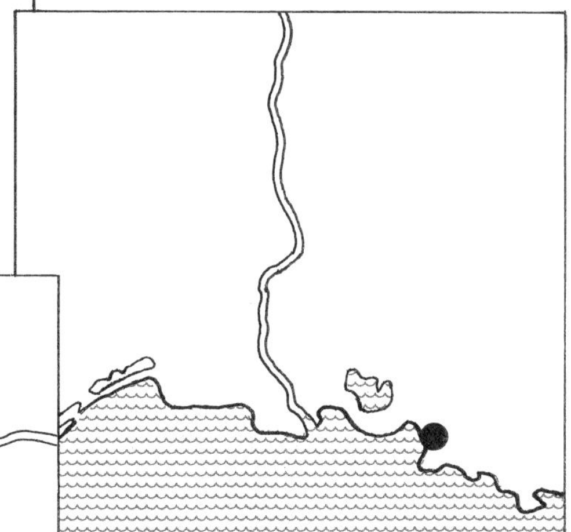

____
(9. BUCHSTABE)

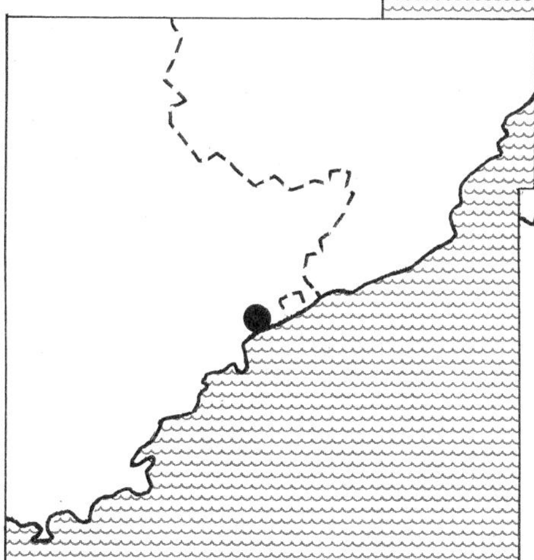

____
(5. BUCHSTABE)

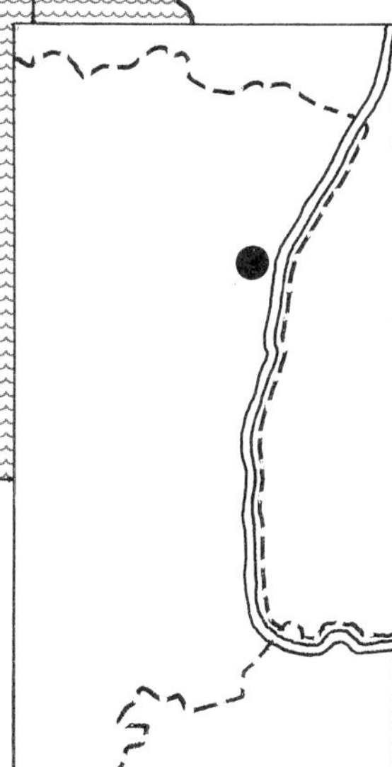

____
(9. BUCHSTABE)

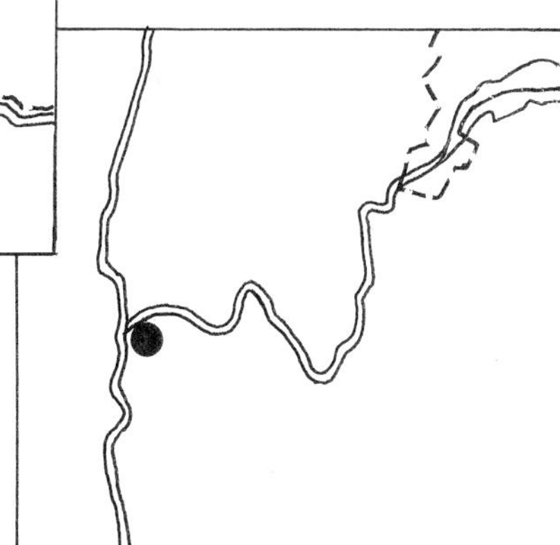

____
(4. BUCHSTABE)

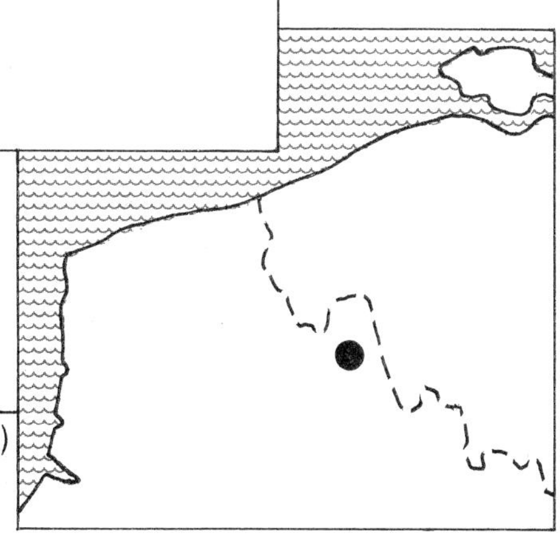

____
(5. BUCHSTABE)

Meldung an die französische Polizei durch Detektiv

____

Fall 17

nicht gelöst ☐ gelöst ☐

Die Geldfälscherbande ist in der

____

zu suchen.

Viel Erfolg bei der Fahndung!

Fall 18: Der Maharadscha

Fernschreiben:

DEM MAHARADSCHA VON RAJASTAN WURDE WERTVOLLER SCHMUCK GESTOHLEN STOP

INDISCHE POLIZEI BITTET UM HILFE STOP HOHE BELOHNUNG FÜR WIEDERBESCHAFFUNG STOP

Hilf der indischen Polizei und werte die Zeugenaussagen aus. Ermittle den Tatort und den Fluchtweg des Diebes kreuz und quer durch Indien.

Viel Erfolg, Detektiv!

Diener des Maharadscha:
„Wir hielten uns gerade in der Hauptstadt von Tamilnadu an der Koromandelküste auf, als wir plötzlich den Verlust der kostbaren Schmuckstücke entdeckten."

Beamter der Wasserschutzpolizei:
„Der Mann, den Sie verdächtigen, ist mit einer Motorjacht über den Golf von Bengalen zur Gangesmündung gefahren."

Stewardess:
„Der Mann ist mit einem Flugzeug der indischen Luftfahrtgesellschaft quer über den Subkontinent an die Küste des Arabischen Meeres geflogen. In den Westghats bei Puna kam das Flugzeug in ein Unwetter, wir konnten dennoch sicher landen."

Mitarbeiter der indischen Flugggesellschaft:
„Er ist bereits am nächsten Tag nach Hindostan weitergeflogen. Er wollte, wenn ich ihn richtig verstanden habe, beim Innenministerium vorsprechen."

Hotelportier:
„Leider gehörte dieser Mann zu unseren Gästen. Zum Glück fuhr er bald weiter an den Ganges."

Mietwagenfahrer:
„Ich mußte den Mann in die Umgebung fahren, 70 km weit nach Lucknow, dann sogar zum Tadsch Mahal in Agra und zu den heiligen Stätten in Varanasi."

Damit ist alles geklärt. Schreibe auf:

Der Tatort ist eine wichtige Hafenstadt am Golf von Bengalen. Die Stadt wurde 1640 von den Engländern gegründet und zählt heute 4 300 000 Einwohner.
Sie nimmt damit Platz 4 unter den indischen Städten ein. ______________ (4. Buchstabe) ☐

Die 2. Stadt ist eine Riesenstadt mit 9 200 000 Einwohnern, die als Armenhaus Indiens gilt. Millionen Menschen leben in Slums, Hunderttausende schlafen mitten im Gewühl auf den Bürgersteigen. Trotzdem ziehen immer mehr Menschen vom Land in die Stadt, man schätzt, daß sie
im Jahr 2 000 auf fast 20 Millionen Einwohner anwachsen wird. ______________ (5. Buchstabe) ☐

Auch die 3. Stadt ist eine bedeutende Hafen- und Industriestadt, deren Einwohnerzahl ständig steigt. Sie hat jetzt 8 200 000 Einwohner und wird voraussichtlich im
Jahre 2 000 über 19 Millionen Einwohner zählen. ______________ (1. Buchstabe) ☐

Die 4. Stadt ist bekannt für ihre prächtigen Paläste und Moscheen. Sie ist das größte Kultur-, Verkehrs- und Handelszentrum des Nordens und nimmt mit einer Einwohnerzahl
von 6 200 000 Platz 3 unter den indischen Städten ein. ______________ (letzter Buchstabe) ☐

Die 5. Stadt hat heute 1 700 000 Einwohner, war aber vor rund 200 Jahren noch ein kleines Dorf, das dann zu einer bedeutenden Handelsstadt und zu einer der
wichtigsten Industriestädte Indiens heranwuchs. ______________ (3. Buchstabe) ☐

Die angegebenen Buchstaben nennen den Edelstein, der gestohlen wurde. Der Maharadscha dankt für deinen Erfolg.

Meldung an den Maharadscha von Rajastan

Fall 18 nicht gelöst ☐ gelöst ☐

Bei dem gestohlenen Edelstein handelt es sich um einen ______________

Die Belohnung bitte überweisen auf das Konto Nr. ______________ Vielen Dank!

Fall 19: Industriespionage

Dieser Auftrag kommt von japanischen Industriebetrieben, die einem Fall von Industriespionage auf der Spur sind. Die Täter wollten offenbar Firmen in den Städten dieser Karte auskundschaften.Die angegebenen Buchstaben müßten, wenn man sie richtig anordnet, das Ziel der Spione angeben. Die Detektive erhalten den Auftrag, diese Stadt herauszufinden.

Meldung von Detektiv ______________

Fall 19

nicht gelöst ☐ gelöst ☐

Das Ziel der Industriespione ist

____

Nehmt euch in acht!

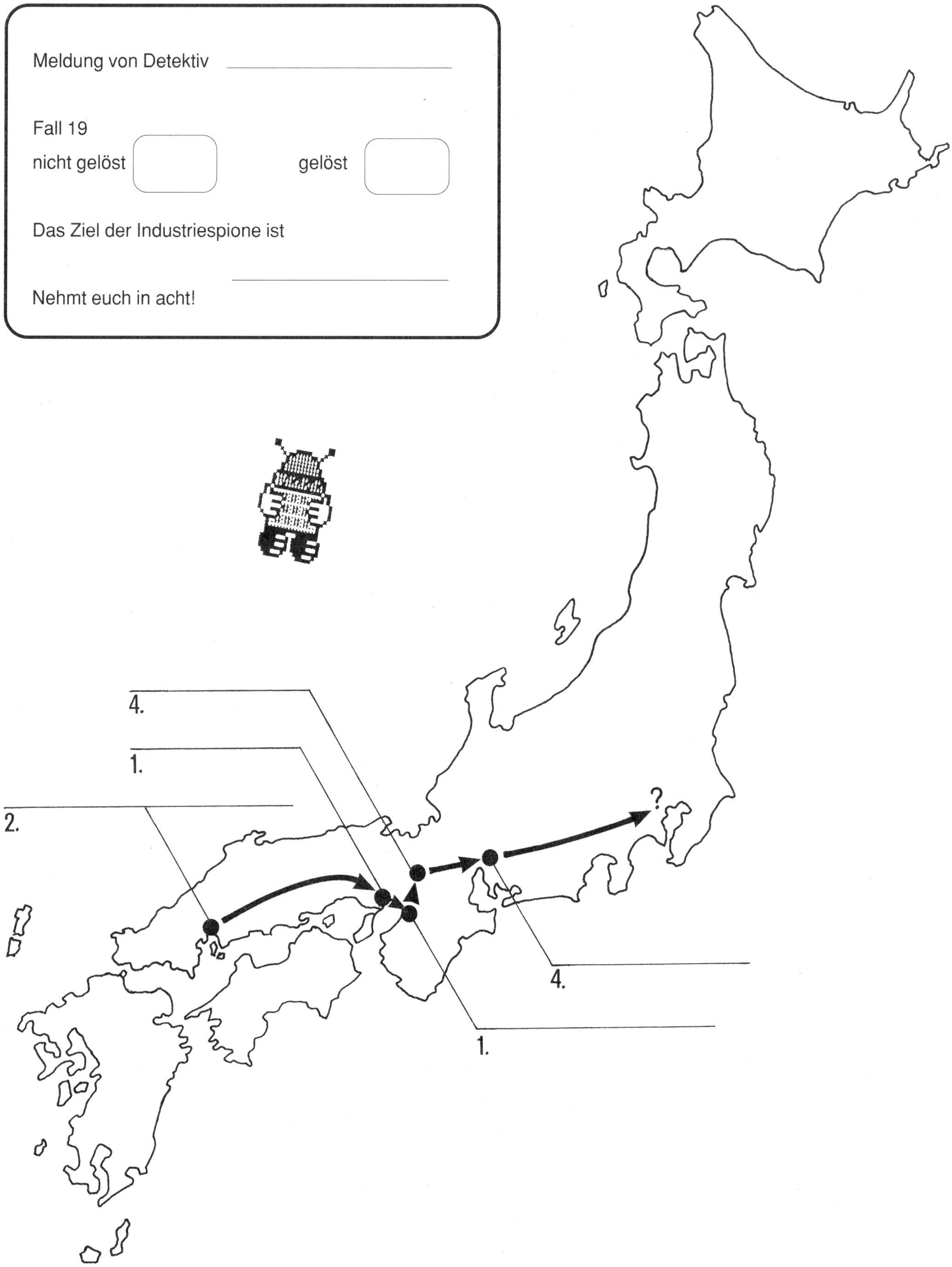

Fall 20: Die Maske des Inka

Fernschreiben aus Südamerika an die Detektei Spürnase & Co:

„AUS DEM MUSEO NACIONAL WURDE EINE WERTVOLLE GOLDMASKE ENTWENDET.

INTERPOL BITTET UM HILFE!“

Werte die Zeugenaussagen genau aus und finde den Tatort, den Fluchtweg und das Ziel des Diebes heraus.

Hotelportier:
„Der Mann, den Sie suchen, wollte in die Anden fahren.“

EK: 27.11. / 28.11.

Taxigesellschaft:
„Wir können bestätigen, daß der Verdäch
nach Callao bestellt hat.“

Zollbeamter:
„Ich kann mich nicht mehr erinnern, in we
ausreisen wollte. Aber der Name enthiel
Buchstaben 'u'.“

Stewardess:
„Er wollte eine Hafenstadt am Rio de la Pla

Angestellte im Reisebüro:
„Der Mann hat sich ein portugiesisches Wörterbuch und
besorgt.“

Gewalten gefahren und
.“

weit unsere Stadt von der
eantwortet, rund 950 km.
er zu einer Küstenstadt

Schreibe jetzt auf:

1. Tatort, eine Stadt, die 1535 von Pizarro … egründet wurde. Pizarro war der Kommandant des spanischen Hee… egen seiner sagenhaften Goldschätze erobert hatte. Heute ist sie di… striezentrum des Landes und gehört mit einer Einwohnerzahl von 5 … lamerikas.

____

2. Stadt: ebenfalls eine spanische Gründung, aber wesentlich jünger. 1724 erbaut, ist sie seit 1830 Hauptstadt des unabhängigen Landes. Da hier 1 300 000 Menschen und damit fast die Hälfte der Einwohner des ganzen Landes leben, ist sie das herausragende Zentrum des Landes. Außer der Hauptstadt gibt es in dem Land keine weiteren Großstädte.

____

Die 3. Stadt wurde 1960 als Hauptstadt des größten südamerikanischen Landes angelegt, 1060 m über dem Meeresspiegel auf einer Hochebene im Bundesstaat Goias. Architektonisch kühne, supermoderne Bauten bestimmen das Bild der weitläufigen Stadt, die inzwischen auf 1 600 000 Einwohner angewachsen ist.

____

Weißt du Bescheid? Wenn du jeweils den zweiten Buchstaben der Städte aufschreibst und diese drei Buchstaben richtig ordnest, erhältst du die Kurzform des Zielortes.

Es handelt sich dabei übrigens um die Stadt, die früher Hauptstadt des Riesenlandes war, bis sie 1960 von der Stadt Nummer 3 abgelöst wurde.

Interpol dankt dir für deine Arbeit.

Meldung an Interpol:

Fall 20

nicht gelöst ☐ gelöst ☐

Die Maske des Inka wird wahrscheinlich nach ____________________ gebracht.

Fall 21: Rembrandt

Die Amsterdamer Polizei meldet einen dreisten Diebstahl: aus dem Rijksmuseum wurde ein unersetzliches Rembrandt-Gemälde geraubt. Ein Museumswärter fand diesen Plan der Räuber, die offenbar sehr raffiniert ihre Spuren durch eine Flucht kreuz und quer durch Europa verwischen wollten.

Die Amsterdamer Kriminalpolizei hat nur den Hinweis erhalten können, daß die Diebe die eingezeichneten Städte in alphabetischer Reihenfolge aufsuchen wollen. Die Kripo Amsterdam bittet nun alle Detektive, die Flucht der Räuber durch Europa zu verfolgen und die Täter dingfest zu machen.

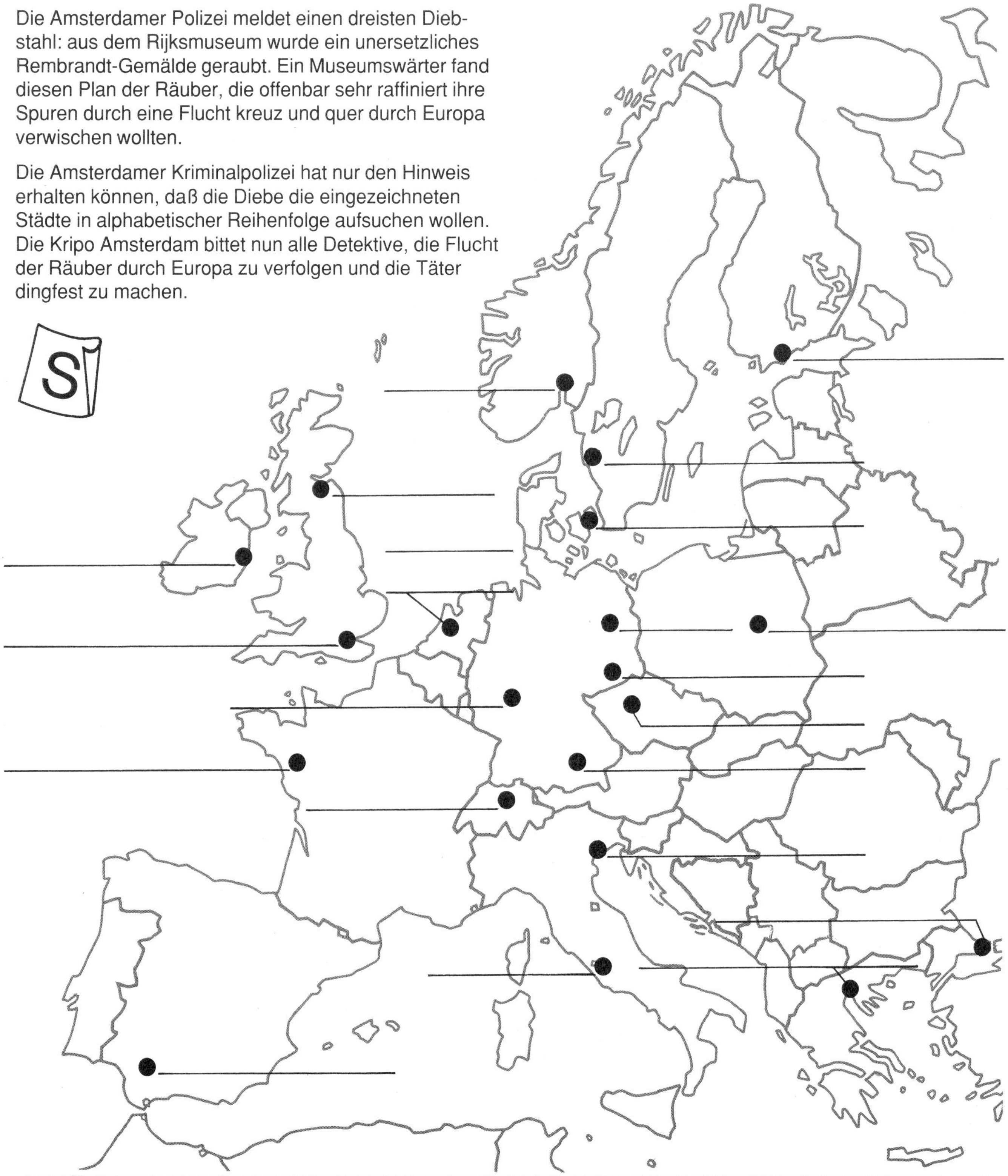

Meldung an die Kripo Amsterdam:

Fall 21 nicht gelöst ☐ gelöst ☐

Detektiv ______________________ ist sich sicher, daß die Täter

in ______________________ verhaftet werden können.

Fall 22: Der Bumerang

Das Völkerkundliche Museum von Neusüdwales meldet den Diebstahl eines seltenen Bumerangs der Eingeborenen. Interpol bittet, die Zeugenaussagen zu überprüfen und den Fall aufzuklären.

Zoowärter:
„Der Mann, nach dem Sie mich fragen, war öfter hier im Zoo und hat sich die Emus, Koalas und Känguruhs angeschaut."

Mitarbeiterin im Reisebüro:
„Ja, wir können bestätigen, daß er eine Schiffahrt nach Valparaiso gebucht hat. Er gab an, Ingenieur einer Kupfermine zu sein."

Taxifahrer:
„Ich kann mich erinnern, daß ich diesen Mann am Hafen in Valparaiso abgeholt und 70 km ins Landesinnere gefahren habe. Er erwähnte, daß er zum Aconcagua wollte."

Angestellte der Stadtbücherei:
„Der Mann hat sich verschiedene Bücher über die Mayas und Azteken ausgeliehen. Er war offenbar Bergsteiger, denn er schwärmte vom Popocatepetl und von der Sierra Madre."

Fluggast:
„Den Mann erkenne ich wieder, er saß neben mir im Flugzeug. Ich bin leider etwas schwerhörig und habe deshalb nicht genau verstanden, was sein Ziel war. Es klang für mich wie 'Engel' und 'Kalif'."

Regisseur:
„Der Mann ist uns aufgefallen, weil er häufiger störte, um Autogramme von den Stars unseres neuen Filmes zu ergattern."

Taxifahrerin:
„Er wäre Flugzeugkonstrukteur, sagte er mir. Ich mußte ihn zu verschiedenen Geschäftsfreunden fahren, nach Long Beach und San Bernardino."

Buchhändlerin:
„Der Mann, den Sie suchen, hat sich bei uns einen Stadtplan gekauft. Ich kann mich entsinnen, daß auf der Titelseite die Golden Gate Brücke abgebildet war."

Kontrolleur auf der Fähre:
„Ja, er stieg aus der Cable Car und hat die Fähre über die Bucht nach Oakland benutzt. Er wollte die Berge der Küstenkette besteigen."

Nun schreibe auf:

Der Tatort: eine Stadt, die sehr jung ist, gerade 200 Jahre alt. Sie wurde 1788 als Sträflingskolonie gegründet und ist heute mit 3 500 000 Einwohnern die größte Stadt des Kontinents. Wahrzeichen ist das moderne Opernhaus am Hafen.

____

Im Vergleich dazu ist die 2. Stadt schon deutlich älter: sie wurde 1541 von den Spaniern gegründet. 4 300 000 Menschen leben hier, und somit jeder dritte Einwohner des ganzen Landes. Dementsprechend groß ist ihre Bedeutung als Industrie- und Kulturzentrum für das Land.

____________________ (4. und 5. Buchstabe) ☐ ☐

Das Zentrum der 3. Stadt liegt auf dem Grund eines ausgetrockneten Sees, in dem die Hauptstadt Tenochtitlan des Aztekenreiches stand, die 1521 von den Spaniern zerstört wurde. Ein Jahr später begannen die Spanier mit dem Aufbau der heutigen Stadt, die nicht nur die größte Stadt des Landes, sondern wohl auch der Welt überhaupt ist: 19 400 000 Menschen ballen sich hier. Das Wachstum geht ungehemmt weiter, man schätzt, daß die Riesenstadt im Jahr 2000 über 30 Millionen Einwohner haben wird, das entspricht der Hälfte der gesamten Bevölkerung der Bundesrepublik Deutschland!

____________________ (5. Buchstabe) ☐

Auch die 4. Stadt wurde von den Spaniern gegründet, und zwar im Jahre 1781. Der Anschluß an die Eisenbahn, der Ausbau des Hafens und nicht zuletzt Erdölfunde ließen die Stadt anwachsen: 13 000 000 Menschen leben heute in der bedeutendsten Industriestadt westlich des Mississippis (und ihren Vorstädten). Neben der Flugzeugindustrie ist die Filmindustrie im Stadtteil Hollywood besonders bekannt.

____________________ (2. Buchstabe) ☐

Es wird dich nicht verwundern, daß die 5. Stadt ebenfalls eine spanische Gründung ist (1769 als Missionsstation). Die Stadt ist zweimal (1865 und vor allem 1906) von starken Erdbeben schwer zerstört worden. Sie wurde wiederaufgebaut und ist heute der größte Finanz- und Handelsplatz an der Westküste des Landes. Sie hat mit ihren Vororten 5 900 000 Einwohner.

____________________ (letzter Buchstabe) ☐

Die angegebenen Buchstaben nennen, wenn du sie richtig anordnest, eine der größten Städte der Erde, Hauptstadt eines Inselstaates. Sie ist das Ziel des Diebes. Interpol gratuliert zur glänzenden Aufklärung des Falles.

Meldung an Interpol:

Fall 22 nicht gelöst ☐ gelöst ☐

Der Dieb flieht nach ______________________

Fall 23: Der Kurier des Zaren

Dieser Fall führt uns zurück in die Vergangenheit. Vor 150 Jahren, als das Russische Reich vom Zaren regiert wurde, gab es weder Eisenbahnen noch Telegraphen. Daher schickte der Zar einen Kurier auf eine gefährliche Reise nach Osten, von der er niemals wiederkehrte. Der Zar verlangte von seinem Kanzler eine Aufklärung des Falles. Da der Kurier aber in einem geheimen Auftrag unterwegs war, wurde er nur von wenigen Personen bemerkt. Von

- einem Schiffer in einer großen Hafenstadt an der Mündung der Oka in die Wolga
  ______________ (2. Buchstabe) ☐
- einem tatarischen Kaufmann in der bedeutenden Handelsstadt an der Wolga nördlich der Kama-Mündung
  ______________ (2. Buchstabe) ☐
- einer Schneiderin in einer Stadt an der Kama
  ______________ (2. Buchstabe) ☐
- einer Bewohnerin einer heute großen Fabrikstadt jenseits des Ural (nördlich von Tscheljabinsk)
  ______________ (2. Buchstabe) L ☐
- einem Soldaten in der größten Stadt am Irtysch
  ______________ (3. Buchstabe) ☐
- einer Bäuerin in einer Siedlung am Ob, die heute größte Stadt Sibiriens ist
  ______________ (7. Buchstabe) ☐
- einem Verwaltungsbeamten in der größten Stadt am Jenissei
  ______________ (3. Buchstabe) ☐
- einer Pelzhändlerin in einer großen Stadt an der Angara
  ______________ (letzter Buchstabe) ☐
- einem Fischer, der in einem großen See fischte und ein kenterndes Boot beobachtete.

Die angegebenen Buchstaben ergeben, etwas anders angeordnet, den gesuchten See. Verfolge den Weg, den der Kurier nahm.

Meldung in die Vergangenheit an den Hof des Zaren:

Fall 23 nicht gelöst ☐ gelöst ☐

Der Kurier ist offenbar bei dem Versuch, einen tiefen See zu überqueren, ertrunken. Dies geschah im

____

Einige Jahrzehnte später wäre die Reise weniger beschwerlich gewesen, denn seit 1916 nimmt die Transsibirische Eisenbahn fast den selben Weg. War die Nachricht wirklich so dringend?

Fall 24: Das FBI

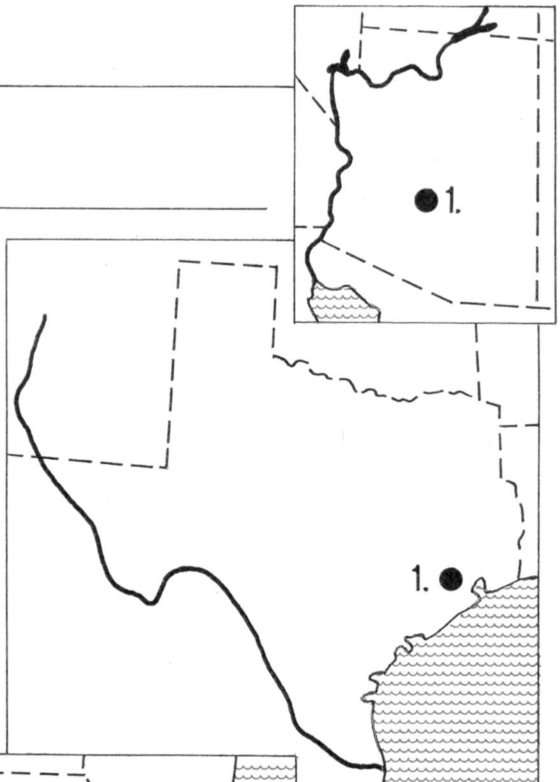

John Walthers von der amerikanischen Bundespolize. berichtet: „Wir wissen von einer Verbrecherbande, di verschiedenen Städten der USA operiert. Von diesen Stä ten wurden uns über einen Spitzel diese Skizzen in die Har gespielt. Das Hauptquartier dagegen haben wir bisher nich ausfindig machen können. Auch können wir uns nicht erklären, was diese merkwürdigen Zahlen in den Karten bedeuten könnten."

Hilf dem FBI! Finde heraus, was die Zahlen bedeuten und wo sich das Hauptquartier der Bande befindet.

Meldung an das FBI:

Fall 24 nicht gelöst ☐ gelöst ☐

Detektiv ______________________

war erfolgreich: das Hauptquartier der Bande befindet

sich in ______________________

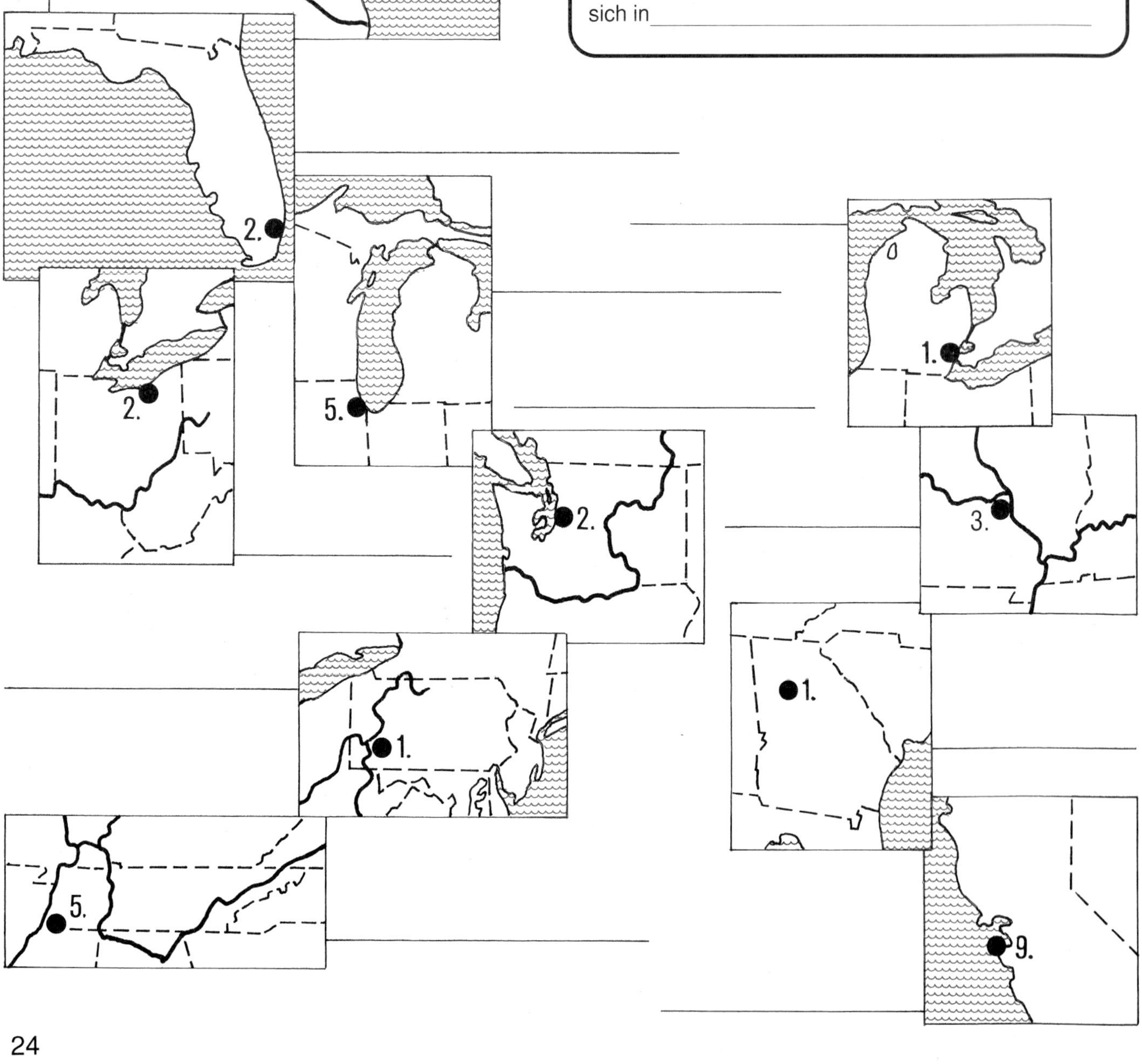

Fall 25: Der Weltenbummler

Dieser Auftrag kommt von der Familie Sorgenfrei; deren Familienoberhaupt erfüllt sich einen lang gehegten Traum und unternimmt mit einer Motorjacht eine Weltreise. Dies sind die Nachrichten, die er nach Hause geschickt hat:

38 N - 9 W
LETZTER BUCHSTABE ______ ☐

15 N - 17 W
1. BUCHSTABE ______ ☐

34 S - 18 O
2. BUCHSTABE ______ ☐

19 N - 73 O
2. BUCHSTABE ______ ☐

1 N - 104 O
LETZTER BUCHSTABE ______ ☐

6 S - 106 O
2. BUCHSTABE ______ ☐

14 N - 121 0
4. BUCHSTABE ______ ☐

35 N - 139 O
2. BUCHSTABE ______ ☐

37 N - 122 W
5. BUCHSTABE ______ ☐

34 N - 118 W
VORLETZTER BUCHSTABE ______ ☐

12 S - 77 W
2. BUCHSTABE ______ ☐

34 S - 58 W
3. BUCHSTABE ______ ☐

Vor wenigen Tagen kam die letzte Nachricht von ihm, diese lautete:

ORDNET DIE ANGEGEBENEN BUCHSTABEN UND IHR ERHALTET DEN NAMEN MEINES JETZIGEN AUFENTHALTES. FLIEGT HER, ICH LADE EUCH EIN, MIT MIR KARNEVAL ZU FEIERN!

Da dieses Telegramm die Familie vollends verwirrte, bittet sie alle Detektive um Aufklärung dieser mysteriösen Botschaften.

FERNSCHREIBEN VON DETEKTIV ______

AN FAMILIE SORGENFREI:

DIE BOTSCHAFTEN BEDEUTEN: ______

SIE KÖNNEN IHR FAMILIENOBERHAUPT IN ______

TREFFEN. NEHMEN SIE MICH MIT?

Fall 26: Der Juwelenraub

Die Kieler Polizei bittet um Unterstützung bei der Aufklärung eines Juwelenraubes. Die Täter hinterließen nur wenige Spuren, aber diese Skizze. Die Polizei geht davon aus, daß hier ihr Fluchtweg geplant wurde.

Finde heraus, was die Skizze bedeutet. Fülle dann die Kästchen aus (hier wollen die Täter offenbar Pause einlegen) und ermittle, wohin die Flucht gehen soll.

Die deutsche Polizei dankt für deine Hilfe.

Meldung an die Kripo Kiel:

Fall 26

nicht gelöst ☐ gelöst ☐

Die Räuber fliehen vermutlich nach

____

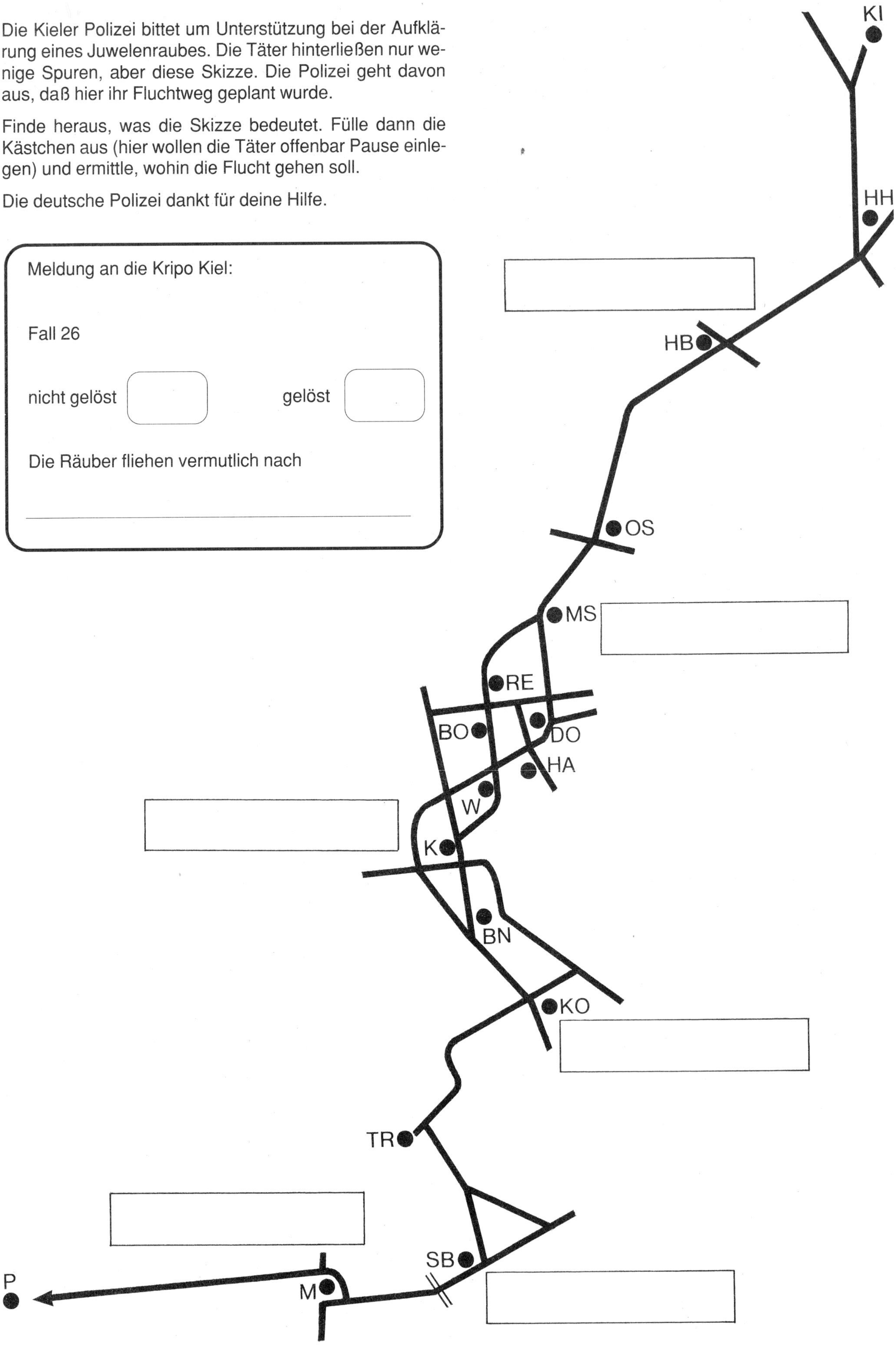

Fall 27: Die kostbare Vase

Aus dem Archäologischen Nationalmuseum wurde eine antike Vase geraubt. Obwohl innerhalb weniger Tage Fernschreiben aus einer Reihe von Polizeidirektionen eintrafen, waren die Ermittlungen sehr schwierig. Die Polizei bittet deshalb, die Fernschreiben auszuwerten und den Weg der gestohlenen Vase von einer großen Stadt zur anderen herauszufinden.

Dimitri Constantinopolus führte den dreisten Diebstahl in der griechischen Hauptstadt aus.

Constantin Theodorakis brachte die Vase von der Akropolis in eine Stadt im Norden Griechenlands.

Karolos Papoulinas übernahm die Beute in Makedonien und brachte sie in die Hauptstadt von Serbien

Lazar Duranovic schaffte sie heimlich von Serbien in die Hauptstadt von Kroatien.

Josip Mikulic gelang es, die Beute von der Save über die italienische Grenze zu schmuggeln.

Pietro Mazzini übernahm sie in einer Stadt am Adriatischen Meer. Die Übergabe fand auf einer Gondel statt. Er fuhr dann über die Autobahn in eine sehr große Stadt in der Lombardei.

Vom Zentrum Norditaliens übernahm sie Carlo Alto und transportierte sie in die größte Stadt in Piemont.

Bruno Ponti war es, der das Diebesgut vom Po in die zweitgrößte Stadt am Genfer See schaffte.

In Genf ist die Vase niemals aufgetaucht.

Pierre Cadin schmuggelte die Vase über die französische Grenze in die größte Stadt von Burgund.

Henri Dupont fuhr die Vase von Burgund in eine Stadt, deren Wahrzeichen der Eiffelturm ist.

Charles Berger benutzte ein Motorrad, um die Vase von der Seine in die Hauptstadt des nördlichen Nachbarlandes zu fahren.

Meldung an die Polizei:

Fall 27 nicht gelöst ☐ gelöst ☐

Die Aufklärung des Falles durch Detektiv ______________________

ergab, daß die Vase folgendermaßen transportiert wurde:

Name des Ganoven	Transport der Vase von	nach

Fall 28: Der gestreßte Manager

Die international bekannte Firma Lohmann in Mainz bittet alle Detektive, ihren Geschäftsführer zu suchen, der vor dem Streß in seiner Firma geflohen ist. Das hätte weiter niemanden gestört, wenn er nicht das Geld der Firma mitgenommen hätte!

Die Chefsekretärin:
„Bevor er ging, telefonierte er noch mit dem Rhein-Main-Flughafen. Dann bestellte er ein Taxi und fuhr davon."

Mitarbeiterin im Flughafen:
„Das Flugzeug, in dem er saß, hatte eine rote Flagge mit weißem Kreuz. Er bestellte einen Mietwagen mit dem internationalen Kennzeichen 'CH', um in die größte Stadt des Landes zu fahren und dort Geld von seinem Konto abzuheben."

Zimmermädchen:
„Ja, der Mann war bei uns Gast, er ging oft an der Limmat spazieren. Er erzählte mir manchmal davon, daß er gerne an der Costa Brava baden würde."

Mitarbeiter in einem Reisebüro in Katalonien:
„Er hat drei Ausflugsfahrten bei uns gebucht: eine Führung am Hafen mit Besichtigung des Columbus-Denkmals und der Nachbildung seines Schiffes Santa Maria, dann eine Tagesfahrt zum Kloster Montserrat, und schließlich ein Fahrt zur Costa Dorada. Er wollte nach seinem Aufenthalt in unserer Stadt weiter in den Süden in die am höchsten gelegene Stadt Europas reisen."

"Hoteldirektor:
„Ja, dieser Mann war eine Woche bei uns. Er war ganz fasziniert von der Alhambra. Auch die Umgebung gefiel ihm, er ist mehrmals in die Sierra Nevada gefahren. Vor seiner Abreise schwärmte er von Afrika. Er hat sich von hier aus ein Zimmer mit Blick auf die Straße von Gibraltar reservieren lassen."

Portier:
„Klar kann ich mich an ihn erinnern, er war ein angenehmer Gast, wenn auch etwas nervös. Er fuhr mehrmals zum Kap Spartel, ging ein paar Mal in die Altstadt, wollte aber bald schon weiter. Seine Pläne hatten mit einer Insel zu tun. Er erwähnte Santa Cruz."

Verkäuferin im Zoogeschäft:
„Der Mann kaufte hier Kanarienvögel."

Hast du den Weg des Managers herausgefunden? Dann schreibe auf:

Die 1. Stadt ist das Zentrum des Ballungsgebietes Rhein-Main und hat 620 000 Einwohner. Es ist eine traditionsreiche Stadt, davon zeugt noch der 'Römer', das Rathaus und Wahrzeichen der alten Reichsstadt, deren Stadtbild aber von modernen Wolkenkratzern bestimmt wird. Sie beweisen die heutige Bedeutung der Stadt als Bankenmetropole, aber auch als Handels- und Messestadt. Wegen ihrer zentralen Lage ist die Stadt darüber hinaus der wichtigste Verkehrsknotenpunkt Deutschlands mit dem größten deutschen Flughafen.

____________________ (3. Buchstabe) ☐

Auch die 2. Stadt ist ein Bankenzentrum und eine bedeutende Handels- und Messestadt sowie der wichtigste Verkehrsknotenpunkt unseres südlichen Nachbarlandes. Sie ist nicht die Hauptstadt, aber mit 350 000 Einwohnern die größte Stadt des Landes.

____________________ (1. Buchstabe) ☐

Die 3. Stadt ist erheblich größer: 1 800 000 Einwohner leben in der Metropole Kataloniens und der zweitgrößten Stadt des Landes. Von ihrem Hafen aus startete Kolumbus seine Fahrt, die zur Entdeckung Amerikas führte.

____________________ (7. Buchstabe) ☐

Die 4. Stadt hat 260 000 Einwohner und liegt in Andalusien am Fuß der Sierra Nevada. Weltbekannt ist die Alhambra, die von Mohammedanern (Mauren) erbaute Burg über der Stadt.

____________________ (2. Buchstabe) ☐

Die 5. Stadt ist eine alte Handels- und Hafenstadt in Marokko. In der von Mauern umgebenen Altstadt stehen die Große Moschee und der ehemalige Sultanspalast.

____________________ (5. Buchstabe) ☐

Die 6. Station ist keine Stadt, sondern eine bekannte Insel, auf der Wein, Gemüse, Obst und Tabak angebaut werden. Wegen ihres milden Klimas wird sie gern besucht. Höchste Erhebung ist der Pico de Teide mit 3718 m.

____________________ (3. Buchstabe) ☐

Aber auch auf dieser schönen Insel hat es der rastlose Manager nicht lange ausgehalten. Er flog weiter zu einer portugiesischen Inselgruppe im Atlantik. Ihren Namen findest du mit den oben angegebenen Buchstaben.

FERNSCHREIBEN AN DIE FIRMA LOHMANN, MAINZ: SIE KÖNNEN IHREN GESCHÄFTSFÜHRER AUF DEN ________________ FINDEN, WO ER DAS GELD DER FIRMA IN VOLLEN ZÜGEN AUSGIBT!

Fall 29: Geheime Nachricht

Diesmal bittet die deutsche Polizei um Mithilfe. Man beobachtet schon länger den berüchtigten Ganoven Emil Bruch, der offenbar ein großes Ding plant. Besonders stolz ist die Polizei darauf, daß sie eine geheime Nachricht abfangen konnte, die für seine Komplizen bestimmt war. Doch nun rätselt man, welche Bedeutung die Zahlen haben könnten.
Leider kommt man ohne deine Hilfe nicht weiter.

Zweitgrößte Stadt in Niedersachsen (1 + 3 + 5) ______________________

Größte Stadt in Nordrhein-Westfalen (1) ______________________

Bayerische Landeshauptstadt (2) ______________________

Großstadt an der Spree (1 + 2 + 3) ______________________

Größte Stadt in Hessen (1 + 3) ______________________

Nördlichste deutsche Stadt (2) ______________________

Messestadt an der Weißen Elster (1) ______________________

Hessische Landeshauptstadt (5 + 8) ______________________

Stadt im Breisgau (2 + 3 + 4) ______________________

Hafenstadt an der Ostsee (4 + 3) ______________________

Stadt an der Elbe, am Ende des Mittellandkanals (2 + 1) ______________________

Sächsische Stadt an der Elbe (1) ______________________

Bundeshauptstadt bis 1991 (2 + 3 + 4) ______________________

Niedersächsische Hauptstadt (7 + 8) ______________________

Hauptstadt von Baden-Württemberg (1 + 2 + 7 + 6) ______________________

Größte Stadt im östlichen Ruhrgebiet (5 + 2) ______________________

Stadt an der Naabmündung (1 + 3 + 4 + 5) ______________________

Meldung an die Polizei:

Fall 29 nicht gelöst ☐ gelöst ☐

Detektiv ______________ gelang es, die geheimnisvolle Botschaft zu entschlüsseln. Der Text lautet:

____

____

Also aufgepaßt! Höchste Alarmstufe!

Fall 30: Agenten in Amerika

In diesem schwierigen Fall bittet Interpol um Mithilfe aller Detektive. Es gibt zahlreiche Hinweise auf einen Agentenring mit 10 Agenten und Stützpunkten in 10 verschiedenen Ländern Nord- und Südamerikas:

Raum für Notizen

Verkäuferin:
„Uns ist eine sportlich gekleidete Frau aufgefallen. Sie segelte anscheinend gerne, denn sie erwähnte mehrmals 'über dem Winde'. Sie wollte in einen Inselstaat fliegen. Sie unterschrieb ihren Scheck mit ***Barbara Bridge****. Ihr Name paßt gut zu diesem Staat und zu seiner Hauptstadt."*

Zoologin:
„Ich hatte gestern ein Gespräch mit einem Mann namens ***John Travers****, der wollte mit der Bahn von unserem Haupthafen und von dort zu den Galapagos-Inseln übersetzen, um die einmalige Tierwelt zu studieren. Wie soll ich ihn beschreiben? Er war etwa 1,60 m groß."*

Firmenchef:
„Ich habe beim Karneval mit einer blonden Frau Samba getanzt. Sie wohnte offenbar auch im Vorort Copacabana, denn sie sagte, sie könnte von ihrem Appartement aus den Zuckerhut sehen. Sie fuhr häufiger geschäftlich nach São Paulo, dort habe ich sie nämlich später noch einmal getroffen, dabei trug sie wieder ihre Sonnenbrille."

Taxifahrerin:
„Ich hatte einen vornehmen Herrn von der Hauptstadt nach Montego Bay zu fahren. Ich kann mich gut an ihn erinnern, ich habe sehr selten Fahrgäste mit Monokel. Ich glaube, er besaß eine Bauxitmine."

Polizist:
„Wir mußten in einem Vorort unserer Hauptstadt einer jungen Frau ein Protokoll geben. Sie fuhr zwar sportlich, aber viel zu schnell. In ihrem offenen Cabrio ließ sie die schwarzen Haare im Fahrtwind wehen. Sie erklärte uns, sie wolle zu einer Estancia in der Pampa fahren."

Andenkenverkäufer:
„Mir ist ein Sportwagen aufgefallen. Der Fahrer war mindestens 1,90 m groß. Er hat die Ruinen der Inkastadt Tiahuanacu besichtigt und muß wohl vorher am Titicaca-See gewesen sein. Er kam aber aus der Hauptstadt."

Rechtsanwältin:
„In meiner Kanzlei war eine blonde Frau namens ***Rita Pavone****. Sie wollte eine Kautschukplantage irgendwo in Amazonien kaufen und ließ sich wegen der Vertragsverhandlungen von mir beraten. Sie spielte ständig mit ihrer Sonnenbrille."*

Pferdezüchter in Kentucky:
„An eine rothaarige Frau kann ich mich erinnern. Sie war sehr an Pferden interessiert und hat sich mein Gestüt angesehen. Sie erzählte, daß sie auch ein Rodeo in Arizona besucht hatte. Sie war auffällig parfümiert."

Museumsdiener:
„Ein schwarzhaariger, breitschultriger Mann hat hier seine Eintrittskarten für das Eishockey-Heimspiel von Toronto gegen Edmonton verloren. Er hat sehr eingehend die Kunst der Eskimos studiert. An der Garderobe hat er seinen Helm abgegeben."

Verkäufer in einem Sportfachgeschäft:
„Bei uns hat ein großer, sportlicher Mann eine Bergsteigerausrüstung gekauft. Er wollte den 6520 m hohen Sajama besteigen. Eine tolle Leistung! Er hat seinen Scheck mit ***Tony MacMillan*** *unterschrieben und flitzte dann mit seinem Sportwagen davon."*

Touristin:
„Ich habe im Urlaub in der Karibik die Bekanntschaft von ***Graf von Zabern*** *gemacht. Ich muß sagen, eine interessante Erscheinung: Stock, Siegelring, Monokel, sehr gebildet. Wir tranken oft abends in der Bar ein Glas Rum zusammen."*

Ingenieurin in einer Eisenerzgrube in Labrador:
„Ja, hier war ein Mann, der mit dem Motorrad aus einer großen Stadt am Ontario-See kam. Er nannte sich ***Paul Bronsky****. Unter dem Helm guckten schwarze Haare hervor."*

Beamtin im Handelsministerium:
„Ein Mann, der sich ***Tony MacMillan*** *nannte, sprach bei uns vor. Er interessierte sich für eine Zinn-Mine in der Nähe vom Poopósee."*

Hoteldirektorin in Maracaibo:
„Bei uns übernachtete ein älterer Herr, er wollte Geschäfte mit Erdöl machen. Seinen Mercedes stellte er in der Garage ab."

Mitarbeiter der Schiffahrtslinie:
„Ja, hier war ein kleiner, untersetzter Kunde. Er erzählte von seiner Bananen-Plantage, angeblich führt der Äquator mitten hindurch."

Kellner in Ciudad Bolivar:
„Ich kann mich an einen grauhaarigen Herrn erinnern. Er hatte offenbar mit Eisen zu tun und wollte mit seinem europäischen Wagen weiter Richtung Orinoco-Mündung fahren."

Zuschauer:
„Ich war letztes Wochenende beim Baseball-Spiel. Neben mir saß eine Frau, deren Parfüm ist mir aufgefallen. Wir kamen ins Gespräch, sie stellte sich als ***Milly Jones*** *vor. Sie interessierte sich für Jazz und hatte sich daher in Louisiana niedergelassen."*

Immobilienmaklerin:
*„****Carmen Rosita*** *kam in mein Büro, um eine Estancia zu kaufen. Ich ging mit ihr aus, wir tanzten Tango. Sie war eine sportlich-elegante Erscheinung und hatte langes, schwarzes Haar."*

Beamter:
„Ein Mercedes mit diesem Kennzeichen ist in der Hauptstadt auf den Namen ***Paulo Cesar*** *zugelassen."*

Kriminalpolizistin:
„Wir beobachteten einen Mann namens ***Carlo Salves****. Er ist auffällig tätowiert und wird verdächtigt in einem kleinen Staat in Zentralamerika in verschiedene Verbrechen verwickelt zu sein. Das Land und der Name der Hauptstadt klangen ähnlich, aber nicht gleich."*

Meldung an Interpol:

Fall 30 nicht gelöst ☐ gelöst ☐

Detektiv ______________________ fand heraus, daß es sich um folgende Agenten handelt:

Name	Kennzeichen	Land	Stadt
John Travers	klein, untersetzt, 1,60 m groß	Ecuador	Quito

Professor Moriarty

Herzlichen Glückwunsch, Superdetektiv!

Nach der glänzenden Lösung dieser Fälle verdienst du auf eine Stufe gestellt zu werden mit dem berühmtesten aller Detektive:

Sherlock Holmes

Vielleicht weißt du, daß er einen gefährlichen Widersacher hat, nämlich **Professor James Moriarty**. Für fast jedes Verbrechen, das in London passiert, ist Moriarty verantwortlich! Sherlock Holmes sucht sein Versteck, und dazu braucht der große Detektiv deine Hilfe:

Zum Glück hat der böse Moriarty einen großen Fehler gemacht, er verlor 11 Notizzettel, die auf verschiedenen Seiten dieses Heftes versteckt sind. Die Buchstaben, die darauf stehen, nennen den Londoner Stadtteil, in den er sich zurückgezogen hat.

Lösungen

(Lege den roten Folienstreifen darüber, damit du deine Lösungen überprüfen kannst!)

Fall 1: Der gestohlene Picasso	New York - Paris - Lyon NEAPEL
Fall 2: Der weiße Orang-Utan	Djakarta - Athen - Neapel LONDON
Fall 3: Balthasar Barlotti	Bangkok - Bagdad - Bangalore - Baton Rouge - Bari - Bamako - Barcelona - Barranquilla - Basel - BALTIMORE
Fall 4: Nofretete	Berlin - Nürnberg - Genua - Algier RABAT, Marokko
Fall 5: Der fünfte Kontinent	Perth - Adelaide - Brisbane - Sydney - Melbourne [illegible]
Fall 6: Der Agentenring	Frankfurt - Perth - Delhi - Lima - Rom - Boston - Oslo - London - Paris - Kairo - Brüssel - Neapel - Marseille - Bern - Basel - Lagos - Osaka - Bonn - Mailand - Turin
Fall 7: Die verschollene Expedition	KILIMANDSCHARO
Fall 8: Igor Malinowski	In dem Gewirr verbergen sich die Städtenamen: Chicago - Singapur - Kalkutta - Kairo - Rom - Madrid - LONDON
Fall 9: Die Kronjuwelen	Eugen Kern nach Chicago, John O'Connor nach Reykjavik, Pierre Malin nach Canberra, Igor Malinowski nach Singapur - CARACAS
Fall 10: John O'Connor	Reykjavik - Kopenhagen - Nürnberg - Genua - Amsterdam - Marseille - Edinburgh - Helsinki - Istanbul - Lodz - Zagreb - BUDAPEST
Fall 11: Rauschgiftschmuggel	Bangkok - Kuala Lumpur - Manila - Taipeh - Honolulu - Los Angeles [illegible]
Fall 12: Die verschlüsselte Botschaft	Vertausche die Buchstaben so, daß die Städtenamen entstehen: Peking, Oslo, Stockholm, Tokio, Rotterdam, Athen, Ulm, Bangkok, Bogota, Ufa, Edinburgh, Neapel, Ottawa, Stuttgart, Algier, Istanbul, Rom, Erfurt, Schwerin. Deren Anfangsbuchstaben ergeben: POSTRAUB BUENOS AIRES
Fall 13: Die gestohlenen Diamanten	Kapstadt - Kinshasa - Khartum - Kairo - Kopenhagen ANTWERPEN
Fall 14: Der Bankraub	London - Oxford - Birmingham - Liverpool - Manchester - Leeds - Newcastle - Edinburgh - Glasgow INVERNESS
Fall 15: Der liegende Buddha	Bangkok - Karachi - [illegible] RANGUN